FORSCHUNGSBERICHTE DES LANDES NORDRHEIN-WESTFALEN

Nr. 2280

Herausgegeben im Auftrage des Ministerpräsidenten Heinz Kühn
vom Minister für Wissenschaft und Forschung Johannes Rau

Dr. -Ing. Otmar Krettek

Institut für Fördertechnik und Schienenfahrzeuge
der Rhein. -Westf. Techn. Hochschule Aachen

Ermittlung der Laufeigenschaften von Schienenfahrzeugen bei regelloser Erregung

Westdeutscher Verlag Opladen 1973

ISBN-13: 978-3-531-02280-2 e-ISBN-13: 978-3-322-88340-7
DOI: 10.1007/978-3-322-88340-7

Gesamtherstellung: Westdeutscher Verlag

Vorwort

Vorliegende Arbeit ist Teil einer größeren Untersuchung, die zum Ziel hat, das Schwingungs- und Laufverhalten von Schienenfahrzeugen rein theoretisch vorherzubestimmen, um so optimale Lokomotiv- und Wagen-Konstruktionen zu ermöglichen. Die Anwendung der dazu erforderlichen mathematischen Systeme setzt die Kenntnis verschiedener charakteristischer Einflußgrößen voraus.

In der Arbeit wird der Weg aufgezeigt, wie diese Größen, ausgehend von praktischen Messungen, mit Hilfe von Digital- und Analog-Rechnern gewonnen werden können. Die Größen selbst werden angegeben. Damit wird ein wichtiger Beitrag im Rahmen der oben erwähnten Forschungsaufgabe geleistet.

Die Arbeit entstand am Institut für Fördertechnik und Schienenfahrzeuge der Rheinisch-Westfälischen Hochschule Aachen:

Direktor o. Professor Dr.-Ing. Johannes Nöthen

Die Verfasser danken dem Landesamt für Forschung des Landes Nordrhein-Westfalen und der Deutschen Bundesbahn für ihre Unterstützung, ohne die diese Untersuchungen nicht möglich gewesen wären.

Aachen, im August 1971

Inhalt

1. Beschreibung des Problems: Fahrzeug und Gleis als Schwingungssystem

Jede Bewegung eines Fahrzeugs auf seiner Fahrbahn ruft Schwingungsbewegungen in allen Freiheitsgraden des Fahrzeugs und der Fahrbahn hervor. Der erregende Einfluß ist hierbei in den Unebenheiten der Fahrbahn, aber auch in der Schienen- und Radgeometrie zu suchen. Die stählernen Fahrbahnen der Schienenwege lassen sich nämlich unter ökonomisch vertretbaren Kosten genauso wenig eben herstellen wie etwa die Fahrbahndecken von Straßen. Auf diese Erkenntnis gestützt, läßt die Deutsche Bundesbahn bei neu verlegtem Oberbau bereits Pfeilhöhenunterschiede bis zu 2 mm zu, die sich natürlich während des weiteren Betriebes noch vergrößern. Zudem ist aber auch das elastische Durchfedervermögen der Gleise nicht konstant, sondern ortsabhängig streuend. Dies ist einmal auf den mit der Strecke wechselnden Untergrund zurückzuführen, aber auch auf die dem Zufall unterliegende Güte der Gleisstopfung. Außerdem wird der Schotter unter den Schwellen infolge der hämmernden Wirkung darüberlaufender Züge verschieden stark eingedrückt. So wurden bei gelösten Schwellen Einfalltiefen zwischen 0 und 2 mm gemessen. Es ist also zu erwarten, daß unter diesen Voraussetzungen dem Rad beim Befahren des Schienenstranges regellose vertikale Bewegungen von der Fahrbahn aufgezwungen werden. Dies läßt sich in der Tat aus den Meßschrieben von Achsbeschleunigungen (vgl. Abb. 1) entnehmen.

Die auf diese Weise erzwungenen Fahrzeugschwingungen wirken nun infolge der daraus resultierenden Achslastschwankungen ihrerseits auf die Fahrbahn schwingungserregend. Denn letztlich ist auch die Fahrbahn ein schwingungsfähiges Gebilde, dessen Masse von den Schwellen, den Schienen und den darauf rollenden Radsätzen gebildet wird, und dessen Rückstellkräfte aus den Durchbiegespannungen und der elastischen Eindrückung der Bettung resultieren. Außer den schwankenden Achslasten wirken aber auch die örtlich variablen elastischen Bettungseigenschaften und die unter dem Rad einherwandernde Biegewelle schwingungserregend. Die Gesamtheit dieser Einflüsse führt zu vertikalen Biegeschwingungen, die sich vom Erregerzentrum nach beiden Seiten mit Schallgeschwindigkeit ausbreiten.

Diese Kopplung zwischen Fahrzeug und Schiene muß sich nun auch im theoretischen Berechnungsansatz niederschlagen, gleich, ob es um die Berechnung der Fahrzeugschwingungen oder der Schienenschwingungen geht. Es ist einleuchtend, daß man dadurch zu fast unlösbaren Gleichungssystemen kommt. Aus diesem Grunde sucht der Theoretiker vielfach seine Zuflucht in vereinfachenden Annahmen. Bei den Fahrzeugschwingungen wird dann der Schienenstrang als starr vorausgesetzt, während bei den Schienenschwingungen die Federung des Fahrzeugs unberücksichtigt bleibt.

Nun ist der Konstrukteur vielfach gar nicht so sehr am zeitlichen Schwingungsablauf interessiert, sondern vielmehr an der Größe der maximalen Auslenkungen. Diese Werte lassen sich aber mit Hilfe der im letzten Jahrzehnt aus der Fourieranalysis hervorgegangenen Systhemtheorie für regellose Vorgänge berechnen. Ausgangspunkt ist dabei der unter einem Fahrzeug gemessene Schwingungsverlauf der Achslager, in dem ja letztlich bereits die Einsenkungen und Biegeschwingungen sowie die Laufflächenbeschaffenheit des Schienenstranges und die elastischen Bewegungen des Radsatzes erfaßt sind. Von dieser Basis kann aber nur dann ausgegangen werden, wenn die aufgenommenen Achsbeschleunigungen allein von der Radlast und nicht von der Radfederung abhängen. Ein solches Verhalten ist nicht zu erwarten. Da jedoch die Fahrzeuge in der Regel annähernd gleiche Schwingungseigenschaften besitzen, dürfte sich der Federungseinfluß bei den Messungen kaum bemerkbar machen.

Mit Hilfe dieser Theorie kann man also in großer Näherung unter Verzicht des schwingungstechnischen Ablaufes das Laufverhalten von Fahrzeugen abhängig vom Oberbau im voraus bestimmen. Wie notwendig das sein kann, zeigen jüngste Fahrzeugkonstruktionen für fremde Bahnverwaltungen, bei denen es zum Aufsetzen der Hohlwelle auf die Achse kam. Die geforderte Motorleistung legt nämlich die Größe des Motors innerhalb geringer Toleranzen fest. Es gilt nun, diesen Motor innerhalb des Drehgestells unterzubringen. Häufig wird dadurch der Konstrukteur gezwungen, platzsparend zu bauen, was wiederum oft genug zu unzureichenden Federwegen führt. Besonders hier wäre eine vorherige Durchrechnung des Laufverhaltens auf der Basis von Beschleunigungs- oder Bewegungsabläufen der Radachsen von Nutzen.

Die Berechnung des Schwingungsverhaltens erfolgt dabei über das Leistungsspektrum und die Verteilungsfunktionen der vertikalen Achsbewegungen. Beide Funktionen lassen sich nur aus den Bewegungsabläufen ermitteln und wären somit für verschiedene Oberbauarten unterschiedlichen Unterhaltungszustandes auszumessen. Außer diesen Grundlagen müßte eine solche Analyse auch Aussagen über die schwingungstechnische Eignung der verschiedenen Oberbauarten liefern. Insbesondere der Radlast- und Geschwindigkeitseinfluß auf die statistischen Funktionen könnte hier wertvolle Aufschlüsse über das Verhalten des Fahrzeugs bei höheren Geschwindigkeiten geben, noch bevor Versuche unternommen werden, die immer die Gefahr des Neuen in sich bergen. In der vorliegenden Arbeit wird versucht, auf der Basis von Meßschrieben - aufgenommen auf der Strecke Hannover-Celle im Abschnitt Langenhagen-Celle - den Weg zu derartigen Aussagen zu finden. Es wird jedoch weiterer Versuche bedürfen, hier zu endgültigen Ergebnissen zu gelangen.

2. Der Einfluß von Geschwindigkeit und Radlast auf das Spektrum

Wie bereits in Abschnitt 1. beschrieben, ist das Leistungsspektrum der Achsbewegungen und Achsbeschleunigungen radlast- und geschwindigkeitsabhängig. In den folgenden Abschnitten soll ein Weg aufgezeigt werden, aus dem Spektrum eines bei $V = 30 \div 35$ km/h aufgenommenen Schriebes die für höhere Geschwindigkeit geltenden Spektren zu erhalten.

2.1. Theoretische Erörterungen

Vom Versuch her weiß man, daß die an Fahrzeugen gemessenen Schwingungsausschläge mit zunehmender Geschwindigkeit größer werden. Als mögliche Ursachen für dieses Verhalten kommen die geschwindigkeitsabhängige Veränderung des Übertragungsverhaltens des Fahrzeugs in Betracht sowie eine mit der Geschwindigkeit größer werdende Fahrzeugerregung.

Die Übertragungsfunktion verändert sich, wenn man vom Bereich der kritischen Fahrzeuggeschwindigkeit absieht, nur unmerklich mit der Geschwindigkeit [15], kommt also als beeinflussende Ursache nicht in Frage. Damit lassen sich die größer werdenden Schwingungsausschläge des Fahrzeugs nur durch die geschwindigkeitsabhängige Vergrößerung der vertikalen Achsbewegungen erklären. Setzt man voraus, daß das Rad beim Abrollen im gesamten in Frage kommenden Geschwindigkeitsbereich nie den Kontakt zur Schiene verliert, so kann dieser Einfluß nur von einer mit der Geschwindigkeit zunehmenden elastischen Durchsenkung von Schiene und Rad herrühren. Tatsächlich nimmt den Rechnungen von Kraus [14] zufolge die Einsenkung zunächst bis etwa 35 km/h geringfügig zu, um dann bei 220 km/h auf den 1,5-fachen Wert zu steigen (vgl. Abb. 2).

Außerdem wird der Oberbau vom darüberfahrenden Fahrzeug auf Grund der mitlaufenden Biegewelle und der Schwingungen der Achse seinerseits zu Eigenschwingungen angeregt. Da die Bewegungsenergie der Achse mit zunehmender Geschwindigkeit wächst, ist anzunehmen, daß dann auch eine größere Energie auf die Schienen übertragen wird und dadurch die Amplituden der Eigenschwingungen anwachsen. Zwar sind die Eigenschwingungen auch bei 35 km/h schon merkbar, doch beschränken sie sich nur auf ein schmales Frequenzband.

Bei allen anderen Frequenzen bewirkt der Geschwindigkeitseinfluß lediglich eine zunehmende Durchsenkung der Schiene. Da zudem die Oberflächengeometrie der Schiene unabhängig von der Geschwindigkeit konstant bleibt, und man weiterhin weiß, daß die Beschleunigungen quadratisch mit der Geschwindigkeit anwachsen, läßt sich das Spektrum der Achsbeschleunigungen in einen geschwindigkeitsunabhängigen und in einen geschwindigkeitsabhängigen Anteil zerlegen. Der geschwindigkeitsinvariante Spektrumsanteil resultiert nach den bisherigen Überlegungen aus den geometriebedingten Radbewegungen und den stationären elastischen Gleiseinsenkungen. Er läßt sich den Rechnungen von Kraus [14] zufolge (vgl. auch Abb. 2) aus den Beschleunigungsaufnahmen bestimmen, die im Geschwindigkeitsbereich unterhalb von 35 km/h aufgezeichnet wurden. Aus einem solchen für $V_1 \leq 35$ km/h bestimmten Spektrum ergibt sich dann das zu einer Geschwindigkeit $V_2 \leq V_1$ gehörige geschwindigkeitsinvariante Spektrum durch Umrechnung der Leistungsamplituden nach der Beziehung

$$\hat{\Phi}_{\ddot{z}_2 S}(\omega_2) = \Phi_{\ddot{z}_1 S}(\omega_1) \left(\frac{V_2}{V_1}\right)^4. \tag{2.1}$$

Darin sind $\Phi_{\ddot{z}_1 S}(\omega_1)$, $\hat{\Phi}_{\ddot{z}_2 S}(\omega_2)$ die zu V_1, V_2 gehörigen Spektrumsamplituden bei den Frequenzen ω_1, ω_2,

ω_1, ω_2 die sich aus der Fortbewegung mit V_1 und V_2 über gleichlange Wellen λ ergebenden Kreisfrequenzen. Sie bestimmen sich aus der Beziehung

$$\frac{2\pi V_i}{\lambda 3{,}6} = \omega_i . \qquad (2.2)$$

Der dynamische Einfluß bei höheren Geschwindigkeiten ergibt sich aus der Differenz der zu V_2 gehörenden gemessenen Leistungsamplituden $\Phi_{\ddot{z}_2 S}(\omega)$ und den errechneten geschwindigkeitsinvarianten Amplituden $\hat{\Phi}_{\ddot{z}_2 S}(\omega)$

$$\Delta\Phi_{\ddot{z}_2 S} = \Phi_{\ddot{z}_2 S}(\omega) - \hat{\Phi}_{\ddot{z}_2 S}(\omega). \qquad (2.3)$$

Auf diese Weise läßt sich wegen

$$\Phi_{zS}(\omega) = \frac{\Phi_{\ddot{z}S}(\omega)}{\omega^4} \qquad (2.4)$$

auch der Einfluß von V auf das Spektrum der Radbewegungen bestimmen. Dieses Rechenverfahren ist natürlich nicht anwendbar im Bereich der Eigenfrequenzen; hier sind noch die aus den Eigenschwingungen herrührenden Spektrumsamplituden zu berücksichtigen. Die Eigenschwingungsamplituden kann man jedoch angenähert nach den Rechenmethoden von Dörr [7] ermitteln. Da Dörr in seiner Rechnung eine Federung und Dämpfung mit konstanten Feder- und Dämpfungszahlen voraussetzt, erhält er nur eine einzige Eigenfrequenz. In Wirklichkeit schwanken jedoch Feder- und Dämpfungszahlen in Gleisrichtung erheblich, und infolgedessen nehmen die Eigenschwingungen ein bestimmtes Frequenzband ein. Eine Differenzbildung auf der Basis der Dörrschen Werte kann sich also nur auf eine mittlere Eigenfrequenz des analysierten Spektrums beziehen.

Eine wirklichkeitsnähere Abschätzung ließe sich dadurch erreichen, daß man die Frequenzen und Amplituden aus einem wirklichkeitsgetreueren Ansatz errechnet. Hat man auf diese Weise den Einfluß der Geschwindigkeit auf das Spektrum bestimmt, so kann man nach der Beziehung

$$\sigma = \int_0^\infty \Phi)\omega)\, d\omega \text{ (vgl. dazu Abschnitt 3.2.2.)} \qquad (2.5)$$

auch den Einfluß der Geschwindigkeit auf die Standardabweichung σ der vertikalen Radbewegungen ermitteln. Da diese im gesamten Geschwindigkeitsbereich gaußverteilt sind, ist mit σ auch die Verteilungsfunktion der Radbewegungen in Abhängigkeit von der Geschwindigkeit gegeben. Unberücksichtigt blieb in den bisherigen Betrachtungen der Einfluß der Radlast. Um diesen zu erfassen, müßte das stochastische Signal im interessierenden Geschwindigkeitsbereich bei verschiedenen Radlasten aufgenommen und analysiert werden.

Dazu wäre zunächst der Einfluß der Radlast auf das Grundspektrum bei $V \leq 35$ km/h und dann die radlastabhängige Veränderung des Spektrums bei höheren Geschwindigkeiten zu ermitteln. Der Gesamteinfluß von Geschwindigkeit und Radlast ließe sich so in einem dreidimensionalen Diagramm darstellen.

Dieses Ziel war bei den vorliegenden Messungen nicht zu erreichen, da diese nur mit zwei Radlasten durchgeführt wurden und zudem die unteren Geschwindigkeitsbereiche wegen Beschädigungen des Magnetbandes nicht analysiert werden konnten.

2.2. Der Dörrsche Ansatz zur Berechnung der Eigenschwingungen

Theoretische Berechnungen über die dynamische Beanspruchung des Oberbaues durch eine darüber bewegte Kraft führten S. Thimoshenko [26] und J. Dörr [7], [8] durch. Beide Arbeiten beruhen auf bestimmten vereinfachenden Annahmen über das Schwingungssystem Fahrzeug-Oberbau. Von der Mechanik her betrachtet besteht der Oberbau aus einem biegeelastischen Balken, der auf unendlich vielen, im Schwellenabstand nebeneinander liegenden Federn und Dämpfern ruht. Die Federn setzen sich aus einer Hintereinanderschaltung von einzelnen federnden Elementen zusammen. Diese Elemente sind der Untergrund, die Bettung, die Schwelle, die elastische Zwischenlage und die Schiene.

Der Untergrund senkt sich allerdings nicht nur an der Stelle der Belastung, sondern auch in deren Umgebung. Durch Versuche konnte gezeigt werden, daß für nicht zu große Flächenbelastungen die Einsenkung ungefähr exponentiell mit dem Abstand von der Störungsstelle abnimmt. Auch sind die Feder- und Dämpfungszahlen nicht konstant, sondern streuen innerhalb eines gewissen Intervalls (Abb. 6). Bei älterem Oberbau beobachtet man zudem, daß einzelne Schwellen sogar hohl liegen und über dem Schotterbrett schweben.

Will man sämtliche Einflüsse in einem Gleichungsansatz berücksichtigen, so erhält man eine mit analytischen Methoden bisher nicht lösbare partielle Differentialgleichung. Um zu einem lösbaren Gleichungssystem zu kommen, nimmt deshalb Dörr vereinfachend an, daß die federnde Bettung des Balkens massenlos ist und damit keine Energie vom Balken in das Kontinuum abstrahlt. Außerdem setzt Dörr die Zimmermannsche Hypothese voraus, die besagt, daß zwischen Kraft und Auslenkung der Bettung ein linearer Zusammenhang besteht, und daß eine Störungslast nur an der Störstelle selbst eine Auslenkung der Bettung hervorruft. Dem über die Schiene rollenden Rad gibt Dörr die Funktion einer über den Balken bewegten Störkraft. Ein Schwingungssystem, das diese Voraussetzungen erfüllt, zeigt Abb. 4.

Die Gleichungen für die Biegeschwingungen ergeben sich aus dem Gleichgewicht aller an einem Volumenelement der Länge dx des Balkens (Abb. 3) angreifenden Kräfte. Gemäß Abb. 3 greifen an den Schnittflächen die Resultierenden der inneren Kräfte an, weiter die Querkraft Q und das Biegemoment M. Längs der Balkenachse wirkt außerdem eine kontinuierliche äußere Belastung von der Größe p (x,t) pro Einheit der Balkenlänge. Nach Newton muß nun die Summe aller dieser Kräfte gleich der beschleunigenden Kraft sein, die auf das Volumenelement wirkt.

Es gilt also:

$$\rho F(x) dx \frac{\partial^2 z}{\partial t^2} = p(x,t) dx - dQ \tag{2.6}$$

Darin sind:

ρ die Dichte,
E der Elastizitätsmodul des Stabes,
F die Querschnittsfläche,
J das Flächenträgheitsmoment in Bezug auf die zur Auslenkungsrichtung senkrechte Achse,
Q die Querkraft,
t die Zeit.

Nun ist

$$Q = \frac{\partial M}{\partial x}, \quad (M = \text{Biegemoment am Balken}) \tag{2.7}$$

also

$$dQ = \left(\frac{\partial^2 M}{\partial x^2}\right) dx. \tag{2.8}$$

Eingesetzt in (2.4) ergibt sich somit:

$$\rho F(x) dx \frac{\partial^2 z}{\partial t^2} = p(x,t) dx - \frac{\partial^2 M}{\partial x^2} dx. \tag{2.9}$$

Die Gleichung für die Biegelinie des elastischen Stabes liefert:

$$\frac{\partial^2 z}{\partial x^2} = \frac{M}{J(x)E}. \tag{2.10}$$

Hieraus folgt für M:

$$M = J(x)E \frac{\partial^2 z}{\partial x^2}. \tag{2.11}$$

Wird nun noch (2.9) in (2.7) eingesetzt, so erhält man die gesuchte Differentialgleichung für die Auslenkung der Stabsachse:

$$\frac{\partial^2}{\partial x^2}\left[J(x)E \frac{\partial^2 z}{\partial x^2}\right] = p(x,t) - \rho F(x) \frac{\partial^2 z}{\partial t^2}. \tag{2.12}$$

Darin ist $\rho F(x) = m(x)$ die auf die Längeneinheit bezogene Masse des Stabes. Somit gilt auch:

$$\frac{\partial^2}{\partial x^2}\left[J(x)E \frac{\partial^2 z}{\partial x^2}\right] = p(x,t) - m(x) \frac{\partial^2 z}{\partial t^2}. \tag{2.13}$$

Diese Gleichung läßt sich für Stäbe konstanten Querschnitts umformen in

$$JE \frac{\partial^4 z}{\partial x^4} = p(x,t) - m \frac{\partial^2 z}{\partial t^2}$$

bzw.

$$JE \frac{\partial^4 z}{\partial x^2} + m \frac{\partial^2 z}{\partial t^2} = p(x,t). \tag{2.14}$$

In seiner ersten Arbeit drückt Dörr die Störkraft p(x,t) aus durch:

$$p(x,t) = P\delta(x - vt) - cz. \tag{2.15}$$

Eingesetzt in (2.12) ergibt sich:

$$EJ \frac{\partial^4 z}{\partial x^4} + cz + m \frac{\partial^2 z}{\partial t^2} = P\delta(x - vt). \tag{2.16}$$

Darin ist

c	die Federkonstante der Bettung je Längeneinheit,
v	die Geschwindigkeit der bewegten Last,
P	die über den Balken bewegte Last,
$\delta(x - vt)$	die Dirac'sche Deltafunktion mit den folgenden Eigenschaften:

$$\delta(x - vt) = \begin{cases} 0 & \text{für } x \neq vt \\ \infty & \text{für } x = vt \end{cases} \tag{2.17}$$

$$\lim_{\epsilon \to 0} \int_{vt - \epsilon}^{vt + \epsilon} \delta(x - vt)dx = 1 \tag{2.18}$$

In seinem zweiten Aufsatz berücksichtigt Dörr noch die innere Dämpfung des Balkens, behält aber sonst alle vereinfachenden Annahmen bei.

Die Dämpfung nimmt er als proportional zur Auslenkungsgeschwindigkeit des Balkens an und gibt als Schwingungsgleichung für kleine Auslenkungen an:

$$EJ \frac{\partial^4 t}{\partial x^4} + m \frac{\partial^2 z}{\partial t^2} + d \frac{\partial z}{\partial t} + cz = P\delta(x - vt), \tag{2.19}$$

worin d die Dämpfungskonstante je Längeneinheit bedeutet. Alle übrigen Größen sowie die Delta-Funktion sind aus der Gleichung des ersten Aufsatzes bereits bekannt.

Beide Gleichungen löst Dörr mit funktionstheoretischen Mitteln unter Benutzung der Randbedingung nach Abb. 5. Für den ungedämpft gefederten Balken kommt er zu zwei Lösungen, die von der Größe der Geschwindigkeit abhängen. Ist die Fahrzeuggeschwindigkeit kleiner als die kritische Geschwindigkeit v_k, so ergibt sich für die Absenkung unter der Last P:

1. Für $x > vt$ und $v < \sqrt[4]{\frac{4cEJ}{m^2}}$ gilt:

$$z_\infty = \frac{Pe^{-a(x - vt)}}{4\sqrt{cEJab}} [a \sin b(x - vt) + b \cos b(x - vt)]; \tag{2.20}$$

2. Für $x < vt$ und $v < \sqrt[4]{\frac{4cEJ}{m^2}}$ gilt:

$$z_\infty = \frac{Pe^{+a(x - vt)}}{4\sqrt{cEJab}} [- a \sin b(x - vt) + b \cos b(x - vt)]. \tag{2.21}$$

Dabei ist:

$$a = \sqrt[4]{\frac{c}{EJ}} \sqrt{\left(\frac{1}{2} \quad 1 - \sqrt{\frac{m^2 v^4}{4cEJ}}\right)}, \tag{2.22}$$

$$b = \sqrt[4]{\frac{c}{EJ}} \sqrt{\left(\frac{1}{2} \quad 1 + \sqrt{\frac{m^2 v^4}{4cEJ}}\right)}. \tag{2.23}$$

Diese Gleichungen beschreiben eine stationäre Wellengruppe, die mit der Störungslast mitläuft und deren Amplituden exponentiell mit dem Abstand von der Störungsstelle abklingen. Unter den getroffenen Annahmen beschreibt diese Lösung nicht nur das Schwingungsverhalten des Balkens unter einer sich fortbewegenden Kraft, sondern auch das Schwingungsverhalten unter dem Einfluß einer sich darüber bewegenden Masse, weil die Störungsstelle $x = vt$ nach Überwindung der Einschwingvorgänge keine Beschleunigungen senkrecht zur Bahn mehr erfährt.

Wie Betzhold zeigt, sind die von Dörr unter den getroffenen Voraussetzungen errechneten Lösungen durchaus brauchbar, wenn es darum geht, eine mittlere Eigenfrequenz und die dazugehörigen Schwingungsamplituden zu ermitteln. Für die vorliegende Aufgabe sind aber nicht die mittlere Eigenschwingungszahl und die zugehörige Amplitude von Interesse, sondern vielmehr die Streuung der Amplituden und der Eigenschwingungszahlen. Diese lassen sich mit dem Dörrschen Ansatz nicht ermitteln, weil hierin weder die Variabilität der Federkonstanten noch die der Dämpfungskonstanten berücksichtigt wird.

2.3. Ein allgemeiner Ansatz zur Berechnung der Eigenschwingungen

Auf der Basis der von Dörr entwickelten Differentialgleichungen läßt sich nun die Gleichung eines unendlich langen, auf diskreten Federn und Dämpfern variierender Feder- und Dämpfungszahlen ruhenden Balkens finden. Dazu braucht man lediglich in der Dörrschen Gleichung die von den Federn und Dämpfern ausgehenden Störkräfte als äußere Kräfte zu betrachten. Man erhält auf diese Weise die nachfolgende Gleichung (vgl. Abb. 9):

$$EJ \frac{\partial^4 z}{\partial x^4} + m \frac{\partial^2 z}{\partial t^2} = \sum_{j=1}^{k} P_j \delta(x - a_j - vt) - \sum_{i=1}^{n} c_i z_i \delta(x - x_i)$$

$$- \sum_{i=1}^{n} d_i z_i \delta(x - x_i) \qquad (2.24)$$

$$\text{mit } \delta(x - a_j - vt) = \begin{cases} 0 \text{ für } x \neq (a_j + vt) \\ \infty \text{ für } x = (a_j + vt) \end{cases} \qquad (2.25)$$

$$\text{und } \delta(x - x_i) = \begin{cases} 0 \text{ für } x \neq x_i \\ \infty \text{ für } x = x_i. \end{cases} \qquad (2.26)$$

In diesem System sind c_i und d_i die Feder- und Dämpfungszahlen im Stützpunkt x_i der Schwelle i. Diese partielle Differentialgleichung läßt sich nicht mehr analytisch, sondern nur noch numerisch lösen. Dazu ist die obige Gleichung in der von Giloi angegebenen Weise in ein lineares Gleichungssystem umzuformen und weiterhin die Zahl der Koeffizienten zu reduzieren, die wegen des unendlich langen Schienenstranges über alle Grenzen wächst. Eine solche Reduzierung der Koeffizienten ist möglich, weil die von der Störkraft verursachten Schwingungen beiderseits der Störstelle wegen der vorhandenen Dämpfung nach etwa zwanzigfachem Schwellenabstand abgeklungen sind (vgl. dazu Abb. 8).

Ist der Anfangszustand der Schwingung bekannt, beispielsweise aus Versuchen, so läßt sich der Schienenstrang als ein beidseitig eingespannter Balken betrachten, dessen beide Einspannstellen am Anfang und Ende der durchfahrenen Meßstrecke jeweils den zwanzigfachen Schwellenabstand haben müssen. Dieser Balken ruht zwischen den Einspannstellen auf Federn und Dämpfern mit variierenden Feder- und Dämpfungszahlen und wird von den darüberlaufenden Rädern zu Schwingungen angeregt. Die durchfahrene Meßstrecke sollte wenigstens gleich der doppelten Loklänge sein, in jedem Fall aber so lang, daß eine gesicherte statistische Aussage möglich ist (vgl. dazu Abb. 9).

Geht man in dieser Weise vor, so erhält man folgendes Differentialgleichungssystem für die Schwingungen des Balkens:

$$EJ \frac{z_{i+2} - 4z_{i+1} + 6z_i - 4z_{i-1} + z_{i-2}}{(\Delta x)^4} + m_i \frac{d^2 z_i}{dt^2}$$

$$= \sum_{j=1}^{k} P_j \delta(x_i - a_j - vt) - \sum_{l=1}^{n} c_i z_i \delta(x_i - x_l) - \sum_{l=1}^{n} d_i z_i \delta(x_i - x_l),$$

$i = 1,\dots,n$ mit n = Zahl der erfaßten Schwellen. (2.27)

Anstelle von m tritt in (2.26) die anteilige Masse m_i im Stützbereich der Schwelle i. Die zur Berechnung von (2.27) erforderlichen Anfangsbedingungen $z_i(0)$ lassen sich mittels der in Abb. 7 dargestellten Meßanordnung aufnehmen. Das gleiche Meßverfahren benutzte Betzhold [2] bei der Aufnahme der in Abb. 8 wiedergegebenen Einsenkungsoszillogramme.

In diesem System, dessen Differentialgleichungen jeweils die Schwingungen eines bestimmten Schienenelementes erfassen, läßt sich die von den Radsätzen herrührende unterschiedliche Massenbelegung mit berücksichtigen. Dies ist ein weiterer Vorteil des aufgestellten numerisch zu lösenden Gleichungssystems.

Das System läßt sich einmal mit Hilfe des Analogrechners lösen, andererseits aber auch digital unter Benutzung eines geeigneten numerischen Verfahrens. Die so ermittelten Lösungen z_i geben zunächst nur den zeitlichen Verlauf der Schwingungen des Schienenelementes an. Gesucht war hingegen das Spektrum der Eigenschwingungen. Dieses läßt sich aus einer Fourierzerlegung des ermittelten Schwingungsvorganges hinsichtlich der Amplituden und der Frequenzen gewinnen.

Praktische Untersuchungen nach dem hier skizzierten Verfahren würden jedoch den gesteckten Rahmen dieser Arbeit sprengen. Deshalb ist auch auf eine exakte Bestimmung der erforderlichen Meßstrecke verzichtet worden. Berechnung und Bestimmung der Meßstrecken bleiben einer besonderen Arbeit vorbehalten. Stattdessen sollen hier nur die von Betzhold ermittelten Eigenfrequenzen tabellarisch wiedergegeben werden (Tab. 1a). Die Kennziffern üblicher Oberbauarten gibt Tab. 1b wieder.

2.4. Das Normgleis

Ein absoluter Maßstab für den Lauf eines Fahrzeugs läßt sich nach dem bisher Gesagten nicht finden. Immer sind bei der Beurteilung zwei Komponenten vorhanden; das Fahrzeug und das Gleis samt seinem Untergrund. Wenn man also die Eigenschaften von verschiedenen Fahrzeugen vergleichen oder auch nur die Auswirkungen konstruktiver Änderungen auf den Lauf beurteilen will, ist es notwendig, von einem Normgleis auszugehen, so daß der Einfluß "Gleis + Untergrund" aus den Betrachtungen eliminiert wird.

Nun wäre dies einfach, gäbe es nicht Gleise verschiedener Ordnung und Unterhaltungszustandes. Das macht es notwendig, zunächst eine Klasse von Normgleisen einzuführen, die den unterschiedlichen Bedingungen Rechnung trägt. Wird nun ein neues Fahrzeug entworfen, so weiß der Konstrukteur bereits vorher, auf welchen Strecken das Fahrzeug künftig eingesetzt wird und kann aus den zugeordneten Gleisklassen bereits während der Konzipierung den Fahrzeuglauf rechnerisch ermitteln. Fehlkonstruktionen, wie sie einleitend beschrieben wurden, wären auf dieser Basis nicht möglich. Um der Industrie Grundlagen für ihre rechnerischen Ansätze zu liefern, müßten natürlich die Normgleise auch die Streckenverhältnisse ausländischer Bahnverwaltungen mit einschließen. Der geringe meßtechnische Aufwand setzt dies durchaus in den Bereich des Möglichen. Die Normungsgrundlagen wären allerdings noch durch Vergleich verschiedener Streckenanalysen zu schaffen, jedoch ist das nicht die Aufgabe dieser Arbeit.

3. Meßtechnische Untersuchungen des Oberbauverhaltens

3.1. Einleitende Bemerkungen zur Beschreibung der Meßgrößen

Wie bereits in Abschnitt 1. ausgeführt, lassen Messungen und Theorie erkennen, daß die von den Schienen ausgehende Erregung stochastischer Natur ist. Derartige Prozesse lassen sich nicht mehr geschlossen darstellen, sondern nur mit statistischen Funktionen beschreiben. Als solche kommen in Betracht:

1. die Verteilungsdichte,
2. die Korrelationsfunktion,
3. das Leistungsspektrum.

Sie werden im folgenden näher beschrieben.

3.2. Gebräuchliche beschreibende Funktionen

3.2.1. Die Verteilungsdichte

Die Verteilungsdichte w ist die einzige Kenngröße, die die Signalamplituden vollkommen beschreibt. Sie kann gedeutet werden als Grenzwert der Wahrscheinlichkeit W, den Momentanwert Z des Signales im Intervall zwischen z und z + Δz zu finden:

$$w(z) = W'(z) = \lim_{\Delta z \to o} \frac{W(z)+\Delta z) - W(z)}{\Delta z} = \lim_{\Delta z \to o} \frac{W(Z < z+\Delta z) - W(Z < z)}{\Delta z}$$

$$= \lim_{\Delta z \to o} \frac{W(z < Z < z+\Delta z)}{\Delta z}. \qquad (3.1)$$

Aus (3.1) erhält man durch Integration unmittelbar die Verteilungsfunktion

$$W(z > k) = \int_k^{\infty} w(z)\, dz. \qquad (3.2)$$

Letztere Beziehung gibt die Wahrscheinlichkeit an, daß das Signal z größer als ein vorgegebener Wert k ist.

w(z) läßt sich allerdings nur aus einer unendlich großen Schar von Schrieben ermitteln, es sei denn, das Signal ist stationär und ergodisch. Im letzteren Falle genügt bereits ein Schrieb endlicher Länge zur Schätzung der Wahrscheinlichkeitsdichte.

3.2.2. Die Momente einer Verteilung

Neben der Verteilungsdichte gehören die Momente einer Verteilung zu den wichtigsten statistischen Parametern, die zur Beschreibung der Eigenschaften eines regellosen Vorganges herangezogen werden. Die verschiedenen Momente lassen sich mit Hilfe der Verteilungsdichte bilden.

Dabei gilt für das n - te Moment:

$$\overline{z^n} = \int_{-\infty}^{\infty} z^n w(z)dz. \tag{3.3}$$

Damit ist das Moment erster Ordnung $\bar{z}$ der Mittelwert der regellosen Funktion, das Moment zweiter Ordnung der quadratische Mittelwert. Aus beiden Momenten ergibt sich die Varianz der Verteilung zu

$$\sigma_z^2 = \overline{z^2} - \bar{z}^2 = \int_{-\infty}^{\infty} (z - \bar{z})^2 w(z)dz. \tag{3.4}$$

Die positive Quadratwurzel der Varianz bezeichnet man mit Streuung oder Standardabweichung.

3.2.3. Die Gauß'sche Verteilung

Baut sich der statistische Vorgang aus unendlich vielen Elementarprozessen auf, die alle einen kleinen Beitrag zum statistischen Gesamtverhalten des Vorganges leisten, so nimmt die Verteilungsfunktion Gauß'schen Charakter an. In diesem Fall ist die Verteilungsdichte durch folgende Beziehung gegeben:

$$w(z) = \frac{1}{\sqrt{2\pi}\sigma_z} \exp\left\{ - \frac{(z - \bar{z})^2}{2\sigma_z^2} \right\}. \tag{3.5}$$

Hierin sind $\sigma_z^2 - \bar{z}^2$ die Varianz und $\bar{z}$ der Mittelwert des regellosen Vorganges. w(z) wird also bereits von zwei Momenten vollkommen angegeben.

Bei den vom Oberbau aufgezwungenen Radbewegungen handelt es sich im Normalfall um gaußverteilte stochastische Funktionen. Damit kommt der Gaußverteilung für die Betrachtung der Raderregung eine besondere Bedeutung zu.

3.2.4. Die Zeitmittelung

Nach den Regeln der Statistik ist das n - te Moment einer Verteilung gegeben durch

$$\overline{z^n} = \int_{-\infty}^{\infty} z^n w(z)dz. \tag{3.6}$$

Dies hat aber zur Folge, daß die Bestimmung der Momente eines regellosen Vorganges die Auswertung einer großen Schar von Schrieben erfordert. In der Regel wird man über eine solche Schar von Schrieben gar nicht verfügen. Die Ensemblemittelung ist daher vom Standpunkt der Auswertung unbrauchbar. Die einzige Möglichkeit zur Mittelung besteht dann in der Zeitmittelung. Bei einer Vielzahl von stochastischen Prozessen sind jedoch beide Mittelwerte von gleicher Größe. Voraussetzung ist, daß der Prozeß stationär und ergodisch ist. Stationär ist ein Prozeß, wenn sich die statistischen Eigenschaften des Ensembles bei einer zeitlichen Verschiebung in ihrer Gesamtheit nicht verändern. Er ist ergodisch, wenn bei stationärem Verhalten der Scharmittelwert gleich dem über eine unendlich lange Zeit integrierten Zeitmittel eines einzelnen Vorganges aus der Schar ist. Es gilt dann:

$$\overline{z^n} = \int_{-\infty}^{\infty} z^n w(z)\, dz = \lim_{T \to \infty} \frac{1}{T} \int_{-T/2}^{T/2} z^n(t)\, dt. \qquad (3.7)$$

Diese Gleichheit ist bei Teilaufzeichnungen, wie sie in der Praxis vorliegen, nicht gegeben. Vielmehr unterscheidet sich hier der Scharmittelwert vom Zeitmittelwert um ein kleines Maß ϵ, das mit wachsender Zeit gegen Null geht. Es gilt:

$$\int_{-\infty}^{\infty} z^n(z)\, dz = \frac{1}{T} \int_{-T/2}^{T/2} z^n(t) + \epsilon_{nTi}. \qquad (3.8)$$

ϵ ist hierbei außer von der Schrieblänge T auch vom Momentengrad n und der gewählten Aufzeichnung i des Ensembles abhängig. In der Praxis wird nun die strenge Stationärität nur selten gegeben sein.

Khintchine [1] verzichtet daher auf die strenge Formulierung und erweitert den Begriff der Stationärität auch auf Vorgänge, bei denen sich die Verteilungsdichte mit der Differenz der Meßzeit ändert. Die Äquivalenz gilt dann mit der Wahrscheinlichkeit 1.

Die Stationärität eines Vorganges ist dann gegeben, wenn die Zeitmittelwerte verschiedener Schriebabschnitte übereinstimmen. Die Methode dieses Nachweises beruht auf der gedanklichen Aufteilung des Schriebes in ein Ensemble von Teilschrieben, die dann im Sinne der Ensemblemittelung auf ihr stationäres Verhalten überprüft werden.

Eine Nachprüfung der Ergodizität ist dagegen in den meisten Fällen nicht möglich, da eine hinreichend große Zahl von Aufzeichnungen, mit denen man dann beide Arten der Mittelwertbildung vornehmen könnte, nicht realisierbar ist. Man arbeitet daher bei der Auswertung stochastischer Signale mit zeitlichen Mittelwerten, auch dann, wenn nicht hinreichend gesichert ist, daß der Vorgang ergodisch ist. Man darf daraus keine Rückschlüsse auf den Vorgang ziehen. Bei der von den Schienen ausgehenden Erregung kann die Stationärität von vornherein angenommen werden, da der Schienenzustand, wenn man von geringen Abnutzungserscheinungen absieht, zeitlich konstant bleibt. Auf ergodisches Verhalten läßt nur der lineare Mittelwert der Unebenheiten schließen, der bei einer Ensemblemittelung sicher Null sein wird. Diesen Wert ergab auch die Zeitmittelung. Weitere Aussagen können nicht gemacht werden.

3.2.5. Die Korrelationsfunktion

Die Korrelationsfunktion vermittelt den inneren Zusammenhang zweier Vorgänge. Sie errechnet sich aus der zweiten Wahrscheinlichkeitsdichte nach der Beziehung:

$$R_{z_1z_2}(t_1,\tau) = \overline{z_1(t_1)z_2(t_1+\tau)} = \int_{-\infty}^{\infty}\int_{-\infty}^{\infty} z_1z_2w(z_1(t_1),z_2(t_1+\tau))dz_1dz_2 \tag{3.9}$$

Ist das Signal stationär und ergodisch, so läßt sich die Korrelationsfunktion auch durch zeitliche Mittelung nach folgender Beziehung finden

$$R_{z_1z_2}(\tau) = \overline{z_1(t)z_2(t+\tau)} = \lim_{T\to\infty} \frac{1}{T} \int_{-T/2}^{T/2} z_1(t)z_2(t+\tau)\ dt. \tag{3.10}$$

Handelt es sich nun bei z_1 und z_2 um den gleichen Vorgang, so spricht man von der Autokorrelationsfunktion. Es gilt dann:

$$R_{zz}(\tau) = \lim \frac{1}{T} \int_{-T/2}^{T/2} z(t)z(t+\tau)\ dt. \tag{3.11}$$

Sind hingegen z_1 und z_2 verschiedene stochastische Prozesse, so bezeichnet man $R(\tau)$ als Kreuzkorrelationsfunktion. Man benötigt sie, um z. B. aus dem unterschiedlichen zeitlichen Verlauf der linken und rechten Schienenerregung die erzwungenen Wankschwingungen eines Fahrzeugs ermitteln zu können.

Schließlich versteht man unter der Kovarianz den ERwartungswert:

$$\mathrm{Cov}(z_1(t),z_2(t+\tau)) = \overline{(z_1(t)-\bar{z}_1)(z_2(t+\tau)-\bar{z}_2)}. \tag{3.12}$$

3.2.6. Das Leistungsspektrum

Das Leistungsspektrum ermittelt sich aus dem zweiten zeitgemittelten Moment durch Fouriertransformation des stochastischen Signales. Aus

$$\overline{z^2} = \lim_{T\to\infty} \frac{1}{2} \int_{-T/2}^{T/2} z^2(t)\ dt \tag{3.13}$$

und dem Fourieransatz

$$z(t) = \int_{-\infty}^{\infty} \alpha(\omega)e^{i\omega t}d\omega \tag{3.14}$$

wird dann, sofern z(t) außerhalb des Zeitintervalls [- T/2, T/2] verschwindet:

$$\overline{z^2} = \lim_{T\to\infty} \frac{1}{T} \int_{-T/2}^{T/2} dt \int_{-\infty}^{\infty}\int_{-\infty}^{\infty} \alpha(\omega)\alpha(\omega')e^{i(\omega+\omega')t}d\omega\ d\omega' \tag{3.15}$$

Dieser Ausdruck führt nach einigen formalen Umrechnungen, die in [27] angegeben sind, schließlich auf:

$$\overline{z^2} = \int_0^{\infty} \Phi_z(\omega)d\omega \text{ mit } \Phi_z(\omega) = \lim_{T\to\infty} \frac{4\pi}{T} |\alpha(\omega)|^2. \quad (3.16)$$

$\Phi(\omega)$ ist darin die spektrale Dichte der regellosen Funktion. Sie beschreibt den stochastischen Prozeß im Frequenzbereich. Der Vorteil der Transformation liegt jedoch nicht in der Art der Darstellung, sondern vielmehr in der Verknüpfung zwischen dem Spektrum und dem zweiten Moment sowie der weiteren Verknüpfung zwischen dem Spektrum eines erregenden Signales und den Spektren der erzwungenen Schwingungen eines linearen Systems. Man kann also auf der Basis der Transformation aus dem stochastischen Signalspektrum das zweite Moment der erzwungenen Schwingungen bei linearen Systemen ermitteln. Ist zudem die Erregung gaußverteilt, so ist damit der Vorgang bereits vollkommen beschrieben, denn die Schienenerregung hat ja den Mittelwert O. Natürlich setzt der Ansatz voraus, daß das Signal stationär und ergodisch ist, wenn man von der Transformation Gebrauch machen will.

3.3. Meßstrecke und Versuchsprogramm

Die Messungen erfolgten auf der Strecke Hannover - Langenhagen - Celle, von km 13,0 - 16,6, km 18,6 - 20,6 und von km 23,1 - 30,0 (vgl. Abb. 10). Im Meßabschnitt von km 13,0 - 16,6 befindet sich als einzige größere Überführung die Wietze-Brücke. Der folgende Abschnitt von km 18,6 - 20,6 verläuft über eine Stahlbrücke über die Autobahn Hannover - Hamburg und über eine weitere Stahlbrükke über die Landstraße Großburgwedel - Bissendorf. Der letzte Abschnitt schließlich von km 23,1 - 30,0 verläuft über die Wolbeck-Brücke und wird außerdem von zwei beschrankten schienengleichen Bahnübergängen durchquert, über die die Wege "Alter Damm" und "Großer Damm" in das Großmoor führen. Über den zur Zeit der Messung verlegten Oberbau gibt Tab. 2 Aufschluß. Sie enthält zudem die Zuordnung der benutzten Meßkanäle zu den jeweiligen Beschleunigungsgebern. Wie aus der Tab. 2 hervorgeht, liegen im befahrenen Abschnitt sowohl Holz- als auch Betonschwellen, so daß ein Vergleich dieser Schwellenarten möglich ist.

Bei den Messungen wurde die Strecke mit 35,70 und 140 km/h durchfahren. Die Geschwindigkeitsabweichungen bewegten sich bei allen Fahrten im Bereich von $\pm$ 2 km/h. Der Meßzug wurde von der Lokomotive 110 302 geführt. (Bezeichnung im alten Nummernsystem E 10[1]). Außer den Meßwagen lief im Zug ein Abteilwagen Typ Büm mit. Die Beschleunigungsgeber waren an der Lokomotive und am Abteilwagen angebracht (vgl. die Abb. 11 und 12). Diese Fahrzeuge haben Achslasten von 21,2 und 9,3 Mp, so daß sich aus den beiden Meßschrieben auch der Radlasteinfluß grob ermitteln läßt. Gespeichert wurden die Meßspannungen mit Hilfe eines Bandgerätes der Firma Phillips, dessen Zuleitungen zu den Gebern der Lok wegen des erforderlichen Lokwechsel nach jeder Meßfahrt neu gekoppelt werden mußten. Das machte nach jeder Fahrt eine Nacheichung notwendig. Als Eichsignal diente eine gleichhohe Spannung, erzeugt von einer Beschleunigung von 1 g. Diesem Eichsignal wurde später eine gleichhohe Sinusspannung zur Leistungsspektrumsmessung überlagert. Die einzelnen Abschnitte wurden mit Klebestreifen gekennzeichnet. Leider erwies sich das Klebeband als ungeeignet, da es mit der Tonschicht Verbindungen einging, die diese zersetzten. Die zuletzt ausgewerteten Meßschriebe der 35 km/h-Fahrt waren dadurch nicht mehr brauchbar, so daß für diese Geschwindigkeit neuerliche Messungen erforderlich wären. Im Wiederholungsfalle wäre dann eine Besprechung des Bandes unter Zuhilfenahme eines Mikrophons empfehlenswert. Allerdings geht das auf Kosten einer Meßspur. Die Schriebe konnten aus den genannten Gründen nur für V = 70 km/h und V = 140 km/h ausgewertet werden. Die Ergebnisse und die Art der Auswertung werden im folgenden besprochen.

3.4. Signalermittlung

Für die Messung der Schienenunebenheiten stehen an sich spezielle Meßwagen zur Verfügung. Beim Meßwagen der Deutschen Bundesbahn werden dazu die Bewegungen der mittleren Achse eines dreiachsigen Drehgestells gegenüber der Drehgestellmittelachse gemessen. Dieses Meßprinzip liefert zwar ein Maß zur Beurteilung der Gleishöhenlage, jedoch nicht die zur Ermittlung des Laufverhaltens allein interessierenden Radbewegungen gegenüber einem festen Horizont. Die gewünschte Meßgröße liefert hingegen der von Mauzin entwickelte Meßwagen der SNCF. Dieser Wagen ruht auf sechs einen künstlichen Horizont bildende Achsen, von denen die Bewegungen der mittleren Achse gegenüber dem künstlichen Horizont mittels zweier Wegaufnehmer ausgemessen werden. Selbst für den Fall, daß dieser Wagen kurzfristig zur Verfügung gestanden hätte, wäre aber eine Ausmessung der Schienenunebenheiten unter verschiedenen Radlasten nicht möglich gewesen. Einleitend wurde jedoch bereits darauf hingewiesen, daß eine Radlastabhängigkeit der Meßschriebe und damit auch der daraus resultierenden Ergebnisfunktionen zu erwarten ist, so daß auf unterschiedliche Radlasten keinesfalls verzichtet werden kann.

Aus diesem Grund ergab sich als verbleibendes Meßprinzip einzig und allein der Einsatz von Beschleunigungs- oder Wegaufnehmern. Beide Geber unterscheiden sich nur in ihrer Eigenfrequenz und nicht in ihrem grundsätzlichen Aufbau. Vom Prinzip her bestehen nämlich beide aus einem Gehäuse, in dem gefedert und gedämpft eine Masse aufgehängt ist. Bei Schwingungen der Achslager folgt dann die Schwingmasse des an den Achslagern anzubringenden Gehäuses auf Grund ihrer Trägheit dem Gehäuse nach gesetzmäßiger Funktion. Gemessen werden die Relativbewegungen zwischen Gehäuse und Schwungmasse, und zwar durch Vergleich einer mitschwingenden Induktivität mit der festen Induktivität einer Meßbrücke. Die Meßgröße liegt somit als Spannung vor, was für die hier zu benutzende Auswertmethode sehr günstig ist. Der wesentliche Unterschied zwischen den Wegaufnehmern und Beschleunigungsgebern beruht nur auf ihren unterschiedlichen Eigenfrequenzen. Ist nämlich die Eigenfrequenz wesentlich niedriger als die Signalfrequenz, so entsprechen die relativen Bewegungen angenähert den Schwingungsbewegungen des Gehäuses gegenüber dem festen Raum. Bei Frequenzen weit unterhalb der Eigenfrequenz sind hingegen die relativen Bewegungen angenähert gleich dem absoluten Beschleunigungsverlauf.

Beide Eigenschaften, d. h. die Möglichkeit, aus den Relativbewegungen entweder auf die Beschleunigungen oder auf die Radbewegungen schließen zu können sowie die Möglichkeit der elektrischen Signalspeicherung, machen die Meßwertgeber für die vorliegende Aufgabe geeignet.

Auf Grund des bisher vorhandenen Versuchsmaterials mußte mit tieffrequenten Erregungsanteilen gerechnet werden [15]. Da andererseits die Eigenfrequenzen von Schwingungsgebern oberhalb 40 Hz liegen, kam nur der Einsatz von Beschleunigungsgebern in Betracht. Sie wurden, wie bereits in Abschnitt 3.3. beschrieben, an den Achslagern der Lokomotive 110 und des Büm-Wagens angebracht. Zur Verwendung kamen Hottinger-Beschleunigungsgeber mit einer Eigenfrequenz von 250 Hz.

3.5. Beschleunigungsgeber

Wie schon beschrieben, entstehen bei den Schwingungsgebern zwischen Anzeige und tatsächlichem Wert systematische Abweichungen. Sie sind frequenzabhängig und nehmen mit Näherung an die Eigenfrequenz zu. Die beim Hottinger-Beschleunigungsgeber auftretenden Fehler in der Amplitudenanzeige gibt Abb. 13 wieder. Das gleiche Diagramm zeigt auch die auf die Eigenfrequenz bezogene Phasenverschiebung zwischen Anzeige und tatsächlichem Signal. Sie beträgt im ausnutzbaren Meßbereich $\Delta t/\tau = 0{,}22$. Dieser Wert ergibt für die obere Grenzfrequenz des Spektrums einen Nacheilwinkel von 10°. Die nur geringe Größe dieses Winkels erweist sich bei der späteren Fehlerbetrachtung von Vorteil.

3.6. Signalauswertung

3.6.1. Grundsätzliches

Wegen der tiefen Frequenzanteile lassen sich, wie bereits aus Abschnitt 3.4. hervorgeht, bei der Aufnahme nur Beschleunigungsgeber benutzen. Diese liefern als Signal die vertikalen Beschleunigungen des Rades. Mathematisch gesehen ist dies die zweite Ableitung der von den Schienen dem Rad aufgezwungenen Bewegungen. Dementsprechend geben sowohl die Verteilungsfunktion als auch das Leistungsspektrum Auskunft über das statistische Verhalten der Beschleunigungen. Benötigt werden aber für die weitere Auswertung entsprechende Angaben über die vertikalen Bewegungen.

Der unmittelbare Weg, die Verteilungsfunktion und das Leistungsspektrum der vertikalen Radbewegungen direkt zu erhalten, wäre eine vorausgehende zweimalige Integration des Meßsignals. Diese Methode ist jedoch ungeeignet, da schon ein kleiner Gleichstromanteil zu einer Übersteuerung der Integrationsverstärker führen würde. Mit einem solchen Gleichstromanteil mußte jedoch vom Bandgerät und von einer während der Meßfahrt nicht ausschließbaren Brückenverstimmung gerechnet werden.

Das Leistungsspektrum und die Verteilungsfunktion der Radbewegungen können also nur unmittelbar aus den entsprechenden Größen des Beschleunigungssignals errechnet werden. Bei der Verteilungsfunktion ist dies nicht unbedingt notwendig, weil sie nur zur Nachprüfung der Gaußverteilung herangezogen wird. Sind jedoch die Beschleunigungen gaußverteilt, so müssen, da die Differentiation eine lineare Operation ist, auch die Radbewegungen gaußverteilt sein. Das Leistungsspektrum muß dagegen umgerechnet werden. Nun ist aber

$$\Phi_{\mathfrak{z}S}(\omega) = \omega^4 \Phi_{zS}(\omega). \tag{3.17}$$

Daraus folgt:

$$\Phi_{zS}(\omega) = \frac{\Phi_{\mathfrak{z}S}(\omega)}{\omega^4} \tag{3.18}$$

(identisch mit Gl. 2.2).

3.6.2. Ermittlung der Verteilungsfunktion

Zur Ermittlung der Verteilungsfunktion führt man das gespeicherte Signal $\mathfrak{z}_S(t)$ einem Komparator zu mit dem Verhalten

$$\xi = 1 \text{ für } \mathfrak{z}_S < \mathfrak{z}_O,$$

$$\xi = 0 \text{ für } \mathfrak{z}_s > \mathfrak{z}_O. \tag{3.19}$$

Durch anschließende Integration von ξ erhält man unmittelbar die relative Aufenthaltsdauer von $\mathfrak{z}_S(t)$ unterhalb der Schwelle $\mathfrak{z}_O$ und damit die Wahrscheinlichkeit $W(\mathfrak{z}_S < \mathfrak{z}_O)$. Die Prinzipschaltung zeigt Abb. 18.

In der Praxis liefert der Rechner eine Folge von Punkten der Verteilungsfunktion in Schritten von $\Delta\mathfrak{z}_O$. Mit dieser Punktfolge allein ist jedoch die Verteilungsfunktion noch nicht vollständig ermittelt, da auch die zugehörigen Maßstäbe des Koordinatenkreuzes angegeben werden müssen. Diese Maßstäbe sind abhängig von der Aussteuerung des Rechners. Für die Ordinatenachse gilt:

$$W(\mathfrak{z}_S < -\infty) = 0,$$

$$W(\mathfrak{z}_S < \infty) = 1. \tag{3.20}$$

Die Abszissenmaßstäbe werden in Einheiten der Standardabweichung σ aus der Theorie der betreffenden Verteilung gefunden. Liegt eine Gaußverteilung vor, so korrespondiert mit dem Abszissenwert σ $(-\sigma)$ der Ordinatenwert 0,84 (0,16). Die Vielzahl der das Schwingungsverhalten beeinflussenden Faktoren legt die Vermutung nahe, daß es sich bei dem aufgenommenen Signal um einen gaußverteilten Prozeß handelt. Diese Vermutung muß allerdings noch durch einen Test nachgewiesen werden.

Bei analoger Auswertung bietet sich die Möglichkeit, dies mit Hilfe von Konfidenzintervallen zu tun. Diese Intervalle müssen dann für die Kurve jeder Verteilungsfunktion neu eingezeichnet werden. Das ist bei Gaußverteilung des Signales nicht nötig, weil man in diesem Fall $W(\mathfrak{z}_S < \mathfrak{z}_O)$ im Wahrscheinlichkeitsnetz darstellen kann, in dem infolge des verzerrten Ordinatenmaßstabes die Funktion als Gerade erscheint. Somit ist dann für alle Funktionen das Konfidenzintervall nur noch einmal zu ermitteln (Näheres dazu in Abschnitt 3.8.1.). Die Übertragung der Verteilungsfunktion in das Wahrscheinlichkeitsnetz kann von einem Rechner übernommen werden.

3.6.3. Ermittlung des Leistungsspektrums

Zur Messung des Leistungsspektrums bedient man sich eines Schmalbandfilters. Führt man das Signal einem solchen Filter zu und bildet von der Ausgangsgröße das mittlere quadratische Moment, so gilt unter der Voraussetzung, daß das Leistungsspektrum des untersuchten Vorganges im Bereich des Filters konstant ist:

$$M_{\ddot{z}^2 F} := \int_0^\infty \Phi_{\ddot{z}SB}(\omega) \left|F_{Fi}(i\omega)\right|^2 d\omega^{*}$$

$$= \Phi_{\ddot{z}SB}(\omega) \int_0^\infty \left|F_{Fi}(i\omega)\right|^2 d\omega = k\Phi_{\ddot{z}SB}(\omega). \qquad (3.21)$$

Hieraus ergibt sich unmittelbar für die Leistung bei der Frequenz ω:

$$\Phi_{\ddot{z}SB}(\omega) = M_{\ddot{z}^2 Fi}/k. \qquad (3.22)$$

Das mittlere quadratische Moment kann

1. durch Tiefpaßfiltern über eine dem Filter angepaßte Mittelungszeit T oder
2. durch Integration

des quadrierten schmalbandigen Meßsignals bestimmt werden. Der bei der Tiefpaßfilterung mögliche Meßfehler ist jedoch immer größer, zumindest aber genau so groß wie bei idealer Integration**. Daher wurde von vornherein die Auswertung mittels Integration angestrebt. Den zugehörigen Schaltplan zeigt Abb. 19.

Wie schon bei der Ermittlung der Verteilungsfunktion, so mußten auch zur Darstellung der Spektren nach Aufzeichnen der Kurven die Maßstäbe noch ermittelt werden.

Zur Festlegung des Ordinatenmaßstabs wurde vor jeder Messung eine konstante Spannung entsprechend einer Beschleunigung von 1 g aufgenommen. Für eine in diese konstante Spannung eingebettete harmonische Funktion gleicher Amplitude kann man das Spektrum experimentell und theoretisch bestimmen. Aus der Zuordnung von experimentell und theoretisch gefundenen Werten ergibt sich der Ordinatenmaßstab.

Wendet man die Definitionsgleichung des Spektrums auf den betrachteten sinusförmigen Vorgang mit der Amplitude g an, so ergibt sich:

$$Z = \int_0^T g^2 \sin^2\omega t \, dt = g^2 \left[\frac{t}{2} - \frac{1}{4\omega} \sin 2\omega t \right] \Bigg|_0^T . \qquad (3.23)$$

---

* Es handelt sich hier um das Spektrum des bereits fehlerbehafteten, auf Band gespeicherten Signals.

** siehe Middleton, S. 686.

Die Auswertung dieser Beziehung liefert bei einer Meßdauer von T = 30 [sec]:

$$Z \approx g^2 \frac{30s}{2} = \frac{9{,}81^2 m^2 30s}{s^4 2} = 1443 \frac{m^2}{s^3}.$$

Daraus folgt für den Ordinatenmaßstab M_o:

$$M_o = \frac{ZV_L}{M_E} \text{ in } \left[\frac{m^2}{s^3}/V\right].$$

Hierin ist V_L die gewählte Verstärkung, M_E der aus der Zeichnung abgelesene Eichmaßstab. Der Abszissenmaßstab ergibt sich aus der maximalen Frequenz.

3.6.4. Das Auswertgerät

Die Analyse erfolgte mit Hilfe des ISAC Korrelators, einem speziell zur Untersuchung stochastischer Signale ausgelegten Analogrechners der Firma "Instruments for Statistical Analog Computation". Der Rechner setzt sich aus drei Einheiten zusammen, und zwar der Korrelationseinheit, der Spektrumseinheit und der Verteilungsfunktionseinheit. Um einen automatischen Analyseablauf zu gewährleisten, gehören zum Rechner außerdem ein Bandspeicher mit geschlossener Bandschleife und ein Schreibgerät, dessen Abszissenvorschub abhängig vom Bandumlauf gesteuert wird. Den äußeren Aufbau des Gerätes sowie die Anordnung der Schaltblöcke vermitteln die Abb. 16 und 17.

Die Verteilungsfunktionseinheit wie auch die Spektrumseinheit arbeiten bei dem Gerät nach dem schon beschriebenen Verfahren. Der Filtervorgang erfolgt dabei mit Hilfe eines festen Filters, auf dessen Mittenfrequenz die Signalfrequenz vom Mischer durch Überlagerung einer frequenzwählbaren Rechteckspannung angehoben wird (vgl. Abb. 19). Die Rechteckspannung liefert der im Blockschaltbild nach Abb. 19 dargestellte Modulationsgenerator. Zur Filterung wird ein Stimmgabelfilter von 1,5 Hz Bandbreite bei einer mittleren Frequenz von 400 Hz benutzt. Die am Filterausgang abgenommene schmalbandige Ausgangsspannung wird anschließend quadriert und von einem Tiefpaßfilter geglättet. Das geglättete Signal ist bereits der gesuchte Spektrumswert. Er wird dem zum Gerät gehörenden X-Y-Schreiber zugeführt, dessen Abszissenauslenkung sich im gleichen Schrittmaß wie die Signalfrequenz hochschaltet. Dadurch erhält man trotz konstanter Frequenz des Filterausgangssignals den Verlauf der Spektrumsfunktion. Auf dieser Basis lassen sich mit dem Gerät Signale im Bereich von 0 bis 200 Hz analysieren. Neben der beschriebenen automatischen Rechensteuerung läßt das Gerät auch die Steuerung von Hand zu. Von ihr wurde bei der Auswertung Gebrauch gemacht.

3.7. Die entstehenden Fehler

Man unterscheidet:

1. systembedingte Fehler,
2. zufällige Fehler.

Zu den systembedingten Fehlern gehören:

1. die systembedingten Meßabweichungen des Beschleunigungsgebers,
2. die durch die Zuleitungen infolge Empfindlichkeitsabnahme entstehenden Fehler,
3. die vom Bandgerät hereingebrachten Fehler.

Fehler dieser Art lassen sich durch Zeitmittelung nicht eliminieren. Die zufälligen Fehler können dagegen durch ausreichend gewählte Meßzeiten verkleinert werden.

3.8. Die notwendige Meßzeit

3.8.1. Meßzeit bei Analyse der Amplitudenverteilung

Ziel der Bestimmung der Verteilungsfunktion ist es, den Nachweis der Gaußverteilung der Schienenunebenheiten zu erbringen.

Um diesen Nachweis mit Sicherheit führen zu können, ohne unnötig große Schriebe auswerten zu müssen, ist es notwendig, die für den Nachweis benötigte Mindestschrieblänge festzulegen. Zur Durchführung dieser Abschätzung muß man die stochastische Funktion als eine Folge unabhängiger Ereignisse ansehen. Für diese Ereignisfolge kann man die Binomialverteilung aufstellen. Sie gibt an, mit welcher Wahrscheinlichkeit bei n möglichen k Ereignisse eintreten. Mit der Binomialverteilung können schließlich bei einer vorgegebenen Sicherheit die Streugrenzen eines jeden Punktes der angenommenen Gaußverteilung errechnet werden, innerhalb derer bei gleichgewählter Ereigniszahl ein Meßpunkt liegen muß, wenn es sich um eine gaußverteilte Größe handeln soll. Als Ereignis soll dabei jeweils der Bereich der Funktion von Nulldurchgang zu Nulldurchgang verstanden sein.

Wie gezeigt, wird bei der Auswertung das Signal einem Komparator zugeführt. Dabei wird der Folge dieser voneinander unabhängigen Ereignisse vom Komparator, abhängig vom gewählten Schwellenwert $\mathfrak{z}_o$, eine Folge zufälliger Variablen ξ zugeordnet, die jetzt nur noch zwei Werte annehmen können:

$$\mathfrak{z} < \mathfrak{z}_o \Rightarrow \xi = 1$$

$$\mathfrak{z} > \mathfrak{z}_o \Rightarrow \xi = 0. \qquad (3.24)$$

Es wurde nun angenommen, daß innerhalb der Folge n unabhängiger Ereignisse die Merkmale $\xi = 1$ und $\xi = 0$ mit jeweils gleicher Wahrscheinlichkeit p und q auftreten. Es sind dies die Grenzwerte der relativen Häufigkeit, mit der die Ereignismerkmale $\xi = 1$ und $\xi = 0$ bei einer unendlichen Folge von Ereignissen auftreten. Bei den zu untersuchenden Meßschrieben haben wir es jedoch immer mit endlichen Folgen zu tun. Die Wahrscheinlichkeit für das k - malige Auftreten von $\xi = 1$ und das (n - k) - malige Auftreten von $\xi = 0$ innerhalb einer Folge von n Ereignissen errechnet sich dann nach den Gesetzen der Wahrscheinlichkeitsrechnung aus der Bernoulli-Verteilung. Diese lautet:

$$w_{nB}(k) = \sum_{k=0}^{n} \frac{n}{k!(n+k)!} p^k (1-p)^{(n-k)} \epsilon_k \tag{3.25}$$

mit $p + q = 1$ (3.26)

und

$$\epsilon_k(j) := \begin{cases} 1 \text{ falls } j = k, \\ 0 \text{ falls } j \neq k. \end{cases} \tag{3.27}$$

Aus ihr errechnet sich der Erwartungswert $E(k^2)$ zu:

$$E(k^2) = \sum_{k=0}^{n} k^2 w_{nB}(k) = n^2p^2 + np(1-p). \tag{3.28}$$

Nun ist k/n die Häufigkeit, mit der das Ereignis $\xi = 1$ eintritt, wenn k die Anzahl der realisierten Werte $\xi = 1$ bedeutet:

$$h = \frac{k}{n}. \tag{3.29}$$

Andererseits ist nach (3.24) h auch gleich der aus einem endlichen Schrieb ermittelten Wahrscheinlichkeit $W_T(\mathfrak{z}_S < \mathfrak{z}_O)$. Diese wird von der Wahrscheinlichkeit der Grundgesamtheit $W(\mathfrak{z}_S < \mathfrak{z}_O)$ mehr oder weniger stark abweichen, doch kann man den Erwartungswert und die Standardabweichung der Differenzen ermitteln. Der Erwartungswert ist dabei:

$$E(h) = p. \tag{3.30}$$

Für die Varianz ergibt sich die Beziehung:

$$\sigma_w^2 = E(h-p)^2. \tag{3.31}$$

Daraus folgt weiter:

$$\sigma_w = \frac{1}{n^2} E(nh - np)^2 = \frac{1}{n^2} E(k - np)^2 = \frac{1}{n^2}[E(k^2) - n^2p^2] \tag{3.32}$$

Nun war

$$E(k^2) = n^2p^2 + np(1-p). \tag{3.33}$$

Setzt man (3.33) in (3.32), so ergibt sich:

$$\sigma_w = \frac{1}{n^2}[n^2p^2 + np(1-p) - n^2p^2] = \frac{p(1-p)}{n} \tag{3.34}$$

Dies ist ein Maß für die Streuung der Meßergebnisse um den theoretischen Wert der Summenhäufigkeit. Für große n geht die Binomialverteilung in die Gauß'sche Verteilung w_{n_gB} über, wie in Abb. 20 an einem Beispiel gezeigt. Die Mindestereigniszahl ist hierbei $n_g = 100$. Man kann daher für die weitere Rechnung eine

Gauß'sche Verteilung der Ereigniszahl annehmen. Diese Annahme bringt für die weitere Fehlerrechnung eine wesentliche Vereinfachung, weil man für die Gaußverteilung die Grenzen, innerhalb derer die Ereignisse mit vorgegebener Sicherheit liegen müssen, angeben kann. Nach der Theorie der Vertrauensintervalle werden diese Grenzen als Funktion der Standardabweichung in der nachstehenden Form angegeben:

$$W_{n_g B}[\,|h - E(h)| < k\sigma_W] = \frac{2}{\sigma_W\sqrt{2\pi}} \int_0^{k\sigma_W} \exp\left\{- \frac{(h - E(h))^2}{2\sigma_W}\right\} dh \tag{3.35}$$

k ist hierin der Vertrauenskoeffizient. Er ist in Abb. 21 (mittlere Linie) in Abhängigkeit von der Verteilungsfunktion W wiedergegeben.

Diese Funktion liegt jedoch nicht tabelliert vor, sondern nur auf denEErwartungswert E = 0 und die Standardabweichung $\sigma = 1$ bezogen. Zur Ermittlung der Grenzen muß sie deshalb in die dargestellte Funktion transformiert werden.

Da nach den bisherigen Ergebnissen zu erwarten ist, daß die Analyse in der Mehrzahl aller Fälle auf die Gaußverteilung führt, empfiehlt es sich, die Funktionspunkte auf Wahrscheinlichkeitspapier aufzutragen. In diesem Koordinatennetz erscheint dann die Gaußverteilung als Gerade.

Wenn man zudem die Abszissenwerte standardisiert, lassen sich auch die Vertrauensintervalle (2σ-Grenzen) allgemeingültig eintragen. Die 2σ-Grenzen ergeben sich dabei aus dem Zusammenhang zwischen Wahrscheinlichkeits- und Fraktilediagramm. Es gilt:

$$\sigma_{zF} = \frac{1}{w}\,\sigma_W = \frac{W(1 - W)}{nw} \,. \tag{3.36}$$

W ist darin die Wahrscheinlichkeit, daß $z_S < z_O$ ist. Nun wird, wie schon erwähnt, im Wahrscheinlichkeitsnetz bei Standardisierung der Zufallsvariablen die Abszisse in Einheiten von σ_W angegeben. Aus der Tabelle kann man zudem W und w in Einheiten von σ_W entnehmen, so daß man nun leicht die Vertrauensintervalle in das Netz abhängig von n eintragen kann. Das Ergebnis ist in Abb. 21 dargestellt. Die Rechenzeit ist dabei mit n über die mittlere Ereigniszahl verknüpft. Dieser Zusammenhang wird im folgenden abgeleitet.

Weiter enthalten die auszuwertenden stochastischen Funktionen noch die systembedingten Fehler

1. der Aufnahmevorrichtung,
2. des Verstärkers und der Zuleitungen,
3. des Bandgerätes.

Durch sie werden die Meßwerte in ihrer Höhe um einen konstanten Faktor verändert. Durch die Art des Fehlers wird jedoch nicht der Streubereich der Meßpunkte vergrößert. Es ändert sich vielmehr die Wahrscheinlichkeitsdichtefunktion in ihrer Breite. Dieser Fehler wird bei der Standardisierung eliminiert und spielt daher für den Nachweis der Gaußverteilung keine Rolle.

Die Ereigniszahl kann man mit ausreichender Genauigkeit abschätzen, wenn man ungefähr den Frequenzbereich des zu untersuchenden Spektrums kennt. In einer Voruntersuchung wurde deshalb dieser Bereich ermittelt. Er liegt beim Beschleunigungsspektrum zwischen 1 und 50 Hz. Legt man außerdem der Abschätzung im gesamten Frequenzbereich ein Spektrum konstanter Höhe zugrunde, was beim Beschleunigungsspektrum in etwa zutrifft, so ergibt sich als mittlere Nullstellenzahl in [sec^{-1}]:

$$n = \overline{N_o} = \frac{1}{\pi}\left[\frac{\int_0^\infty \omega^2 \Phi_{zS}(\omega)\,d\omega}{\int_0^\infty \Phi_{\ddot{z}S}(\omega)\,d\omega}\right]^{1/2} = \frac{1}{\pi}\left[\frac{k\int_0^{2\pi 50} \omega^2 d\omega}{k\int_0^{2\pi 50} d\omega}\right]^{1/2} . \qquad (3.37)$$

Nach der gegebenen Voraussetzung entspricht dies der mittleren Dauer eines Ereignisses. Wenn man die im Vorversuch ermittelte Spektrumsbreite schlechthin als Charakteristikum der von den Schienen ausgehenden Beschleunigungen ansieht, so kann man jeder Ereigniszahl eine bestimmte Meßzeit zuordnen. Diese Meßzeiten sind ebenfalls in Abb. 21 bei den Vertrauensgrenzen angegeben.

3.8.2. Meßzeit bei Analyse des Leistungsspektrums

Die Definition des Leistungsspektrums fordert die Auswertung eines unendlich langen Schriebes. Solche Schrieblängen können in der Praxis nicht verwirklicht werden, da sich der Charakter des statistischen Vorganges schon in kürzeren Zeiträumen ändert. Darüber hinaus kann auch die von der Rechenvorschrift geforderte unendlich schmale Durchlaßbreite des Filters nicht erreicht werden. Das Ergebnis einer praktischen Auswertung wird damit immer ein Näherungswert bleiben.

Für die Auswertung ergibt sich damit das Problem, die Genauigkeitsgrenzen des Ergebnisses in Abhängigkeit von der Schrieblänge festzulegen. Diese Abschätzung läßt sich mit Hilfe der gegebenen Gerätedaten durchführen. Ist

- $\ddot{z}_B(t)$ das dem Rechner vom Band zugeführte Signal,
- $\ddot{z}_{Fi}(t)$ das Signal am Filterausgang,
- $\Phi_{\ddot{z}B}$ die Leistung des gespeicherten Signales bei unendlich langer Schrieblänge,
- $\Phi_{\ddot{z}T}$ die gemessene Leistung bei endlicher Schrieblänge,

so ist der durch die endliche Schrieblänge und die endliche Filterdurchlaßbreite bedingte zufällige Fehler gegeben durch

$$B_{\ddot{z}}{}^2{}_{Fi} = \frac{\Phi_{\ddot{z}T}(\omega) - \Phi_{\ddot{z}B}(\omega)}{\Phi_{\ddot{z}B}(\omega)} . \qquad (3.38)$$

$\Phi_{zB}(\omega)$ ergibt sich hierbei unter Annahme einer im Durchlaßbereich des Filters konstanten Leistung aus dem gemessenen quadratischen Moment der Filterausgangsgröße zu

$$\Phi_{zTB}(\omega) = \Phi_{zFi}(\omega) = M_{z^2 Fi} \Big/ \int_0^\infty \left| F_{Fi}(i\omega) \right|^2 d\omega \, , \tag{3.39}$$

wobei $F_{Fi}(\omega)$ die Übertragungsfunktion des verwendeten Filters ist. Das Quadrat des Betrages dieser Funktion ist beim vorliegenden Auswertegerät durch die Gleichung

$$\left| F_{Fi}(i\omega) \right|^2 = \frac{1}{2} \left[\frac{1}{1 + (\omega + \omega_o/b_s)^2} + \frac{1}{1 + (\omega - \omega_o/b_s)^2} \right] \tag{3.40}$$

gegeben.

Damit wird

$$\Phi_{zTB}(\omega) = 2\, M_{z^2 Fi}/b_s \pi . \tag{3.41}$$

Wie schon bei der Ermittlung der Verteilungsfunktion, so erhielte man auch bei einer Analyse verschiedener Schriebe endlicher Dauer nach diesem Verfahren voneinander abweichende um einen Mittelwert streuende Meßwerte. Bei gaußverteilten Prozessen streuen auch die Analyseergebnisse gaußverteilt. Bei bekanntem Mittelwert und bekannter Streuung kann man somit die Grenzen angeben, zwischen denen die Meßwerte $M_{z^2 Fi}$ mit vorgegebener Wahrscheinlichkeit zu erwarten sind. Diese Berechnung geschieht nach der Beziehung:

$$W\left[\left| M_{z^2 Fi} - \bar{M}_{z^2 Fi} \right| < k\sigma_{z^2 Fi} \right]$$

$$= \frac{2}{\sigma_{z^2 Fi}\sqrt{2\pi}} \int_0^{k\sigma_{z^2 Fi}} \exp\left[-(M_{z^2 Fi} - \bar{M}_{z^2 Fi})^2 / 2\sigma_{z^2 Fi} \right] dM_{z^2 Fi} . \tag{3.42}$$

Bezieht man die Meßwertdifferenz auf den Mittelwert, so gilt:

$$W\left[\left| \frac{M_{z^2 Fi} - \bar{M}_{z^2 Fi}}{\bar{M}_{z^2 Fi}} \right| < k \frac{\sigma_{z^2 Fi}}{\bar{M}_{z^2 Fi}} \right]$$

$$= \frac{2}{\sigma_{z^2 Fi}\sqrt{2\pi}} \int_0^{k\sigma_{z^2 Fi}/\bar{M}_{z^2 Fi}} \exp\left[-(M_{z^2 Fi} - \bar{M}_{z^2 Fi})^2 / 2\sigma_{z^2} \right] dM_{z^2 Fi} . \tag{3.43}$$

Die Gleichung liefert noch nicht den gewünschten Zusammenhang zwischen Meßfehler und Meßzeit, doch gibt sie bereits Auskunft darüber, wie groß bei gegebener Sicherheit die von der Analysedauer abhängige Streuung zu wählen ist, so daß der statistische Meßfehler einen vorzugebenden Betrag nicht überschreitet. Danach darf die normierte Varianz $\sigma_{\tilde{z}}{}^2{}_{Fi}/M_{\tilde{z}}{}^2{}_{Fi}$ p/k % nicht übersteigen, wenn bei einer Sicherheit von S % der Fehler p % nicht übersteigen soll. k ist in (3.43) wieder der Vertrauenskoeffizient.

Um nun den gewünschten Zusammenhang zwischen Fehler und Meßzeit zu erhalten, ist noch die meßdauerabhängige normierte Varianz zu bestimmen. Diese Rechnung geht aus von:

1. der Übertragungsfunktion des Korrelatorfilters,
2. dem am Eingang des Korrelators liegenden Spektrum,
3. der Art der gewählten Mittelwertbildung.

Ist $\Phi_{\tilde{z}B}(\omega_o)$ das Eingangsspektrum an der Stelle $\omega = \omega_o$ und $|F_{Fi}(i\omega)|^2$ das Quadrat vom Betrag der Übertragungsfunktion des gegebenen Schmalbandfilters, so ist die spektrale Dichte am Filterausgang:

$$\Phi_{\tilde{z}Fi}(\omega) = \Phi_{\tilde{z}BT}(\omega_o)\left[\frac{1}{2}\,\frac{1}{1+(\omega+\omega_o/b_s)^2} + \frac{1}{1+(\omega-\omega_o/b_s)^2}\right] \tag{3.44}$$

Hieraus ergibt sich die zugehörige Korrelationsfunktion zu

$$R_{\tilde{z}Fi}(\tau) = \frac{1}{2}\int_{-\infty}^{\infty} \Phi_{\tilde{z}Fi}(\omega)\,e^{i\omega\tau}\,d\omega$$

$$= \frac{1}{2}\Phi_{\tilde{z}BT}(\omega_o)\int_{0}^{\infty}\left[\frac{\cos(\omega)\tau}{1+(\omega+\omega_o/b_s)^2} + \frac{\cos(\omega)\tau}{1+(\omega-\omega_o/b_s)^2}\right]d\omega$$

$$= \frac{b_s}{2}\Phi_{\tilde{z}BT}(\omega_o)\,\pi\cos\omega_o\tau\,e^{-b_s} = R_{\tilde{z}Fi}(0)\cos\omega_o\tau\,e^{-b} \tag{3.45}$$

$\tilde{z}_{Fi}(t)$ wird nun, wie schon im Abschnitt 3.6.3. gezeigt, einem Quadriernetzwerk zugeführt. Bezeichnet man die Ausgangsgröße dieses Netzwerkes mit v(t), so lassen sich die Momentenbeziehungen am Ausgang des Quadriernetzwerkes leicht angeben. Es ist dann:

$$R_{\tilde{z}}{}^2{}_{Fi}(\tau) = R_v(\tau) = \overline{v(t)v(t+\tau)} = \overline{\tilde{z}^2_{Fi}(t)\tilde{z}^2_{Fi}(t+\tau)} \tag{3.46}$$

Der letzte Ausdruck läßt sich bei gaußverteilten Funktionen, wie sie in der Untersuchung vorliegen, weiter aufspalten in:

$$\tilde{z}^2_{Fi}(t)\tilde{z}^2_{Fi}(t+\tau) = \tilde{z}^2_{Fi}(t)\tilde{z}^2_{Fi}(t+\tau) + \tilde{z}_{Fi}(t)\tilde{z}_{Fi}(t+\tau)\ \tilde{z}_{Fi}(t)\tilde{z}_{Fi}(t+\tau)$$

$$+ \tilde{z}_{Fi}(t)\tilde{z}_{Fi}(t+\tau)\ \tilde{z}_{Fi}(t)\tilde{z}_{Fi}(t+\tau)$$

$$= R^2_{\tilde{z}Fi}(0) + 2R^2_{\tilde{z}Fi}(\tau). \tag{3.47}$$

Damit gilt aber zwischen den Korrelationsfunktionen der Eingangs- und der Ausgangsgröße die nachstehende Relation:

$$R_{\mathfrak{z}^2 Fi}(\tau) = R^2_{\mathfrak{z}Fi}(0) + 2R^2_{\mathfrak{z}Fi}(\tau) = R^2_{\mathfrak{z}Fi}(0)\,(1+2\cos^2\omega_o\tau\, e^{-2b_s|\tau|}). \tag{3.48}$$

Die weitere Auswertung wurde durch Integration vorgenommen. Für letztere gilt:

$$h_T(t) = \begin{cases} \frac{1}{T} \text{ für } 0 < t < T \\ 0 \text{ im übrigen Bereich.} \end{cases} \tag{3.49}$$

Zusammen mit der Korrelationsfunktion der Integratoreingangsgröße $R_{\mathfrak{z}^2 Fi}(\tau)$ ergibt sich:

$$\overline{M^2_{\mathfrak{z}Fi}} = \int_{-\infty}^{\infty} \rho_{hh}(\tau,T)\, R_{z^2 Fi}(\tau)\, d\tau \tag{3.50}$$

und

$$\overline{M_{\mathfrak{z}^2 Fi}} = \overline{\mathfrak{z}^2_{Fi}} \int_{-\infty}^{\infty} h_T(\tau)\, d\tau\ . \tag{3.51}$$

Hierbei ist

$$\rho_{hh}(\tau,T) = \int_{-\infty}^{\infty} h_T(t)\, h_T(t+\tau)\, dt = \int_0^{T-|\tau|} \frac{1}{T^2} dt = \begin{cases} \frac{1}{T}(1-\frac{|\tau|}{T}) & \text{für } |\tau| < T \\ 0 & \text{für } |\tau| > T \end{cases} \tag{3.52}$$

und

$$\overline{\mathfrak{z}^2_{Fi}} = \sqrt{R_{\mathfrak{z}^2 Fi}(\tau \to \infty)} = R_{\mathfrak{z}Fi}(0)^{*} \tag{3.53}$$

Damit erhält man für die normierte Standardabweichung:

$$B_{\mathfrak{z}^2 Fi} = \left[\frac{\overline{M^2_{\mathfrak{z}^2 Fi}} - \overline{M^2_{\mathfrak{z}^2 Fi}}}{\overline{M^2_{\mathfrak{z}^2 Fi}}} \right]^{1/2}$$

$$= \left[\frac{\int_{-\infty}^{\infty} R_{\mathfrak{z}^2 Fi}(\tau)\rho_{hh}(\tau,T)\, d\tau - \int_{-\infty}^{\infty} \rho_{hh}(\tau,T)\, (\overline{\mathfrak{z}^2_{Fi}})^2 d\tau}{\int_{-\infty}^{\infty} \rho_{hh}(\tau,T)\, (\overline{\mathfrak{z}^2_{Fi}})^2 d\tau} \right]^{1/2} \tag{3.54}$$

Nun ist

$$\overline{\mathfrak{z}^2_{Fi}} = R_{\mathfrak{z}Fi}(0) \tag{3.55}$$

*Vergleiche hierzu (3.47) und (3.48).

und somit

$$R_{\check{z}^2_{Fi}}(\tau) - \check{z}^2_{Fi} = (R^2_{\check{z}Fi}(0) + 2\,R^2_{\check{z}Fi}(\tau)) - R^2_{\check{z}Fi}(0) = 2\,R^2_{\check{z}Fi}(\tau) \tag{3.56}$$

Damit geht das Integral über in

$$B_{\check{z}^2_{Fi}} = \left[\frac{\frac{2}{T}\int\limits_{-\infty}^{\infty} \cos^2\omega_o\tau\, e^{-2b_s|\tau|}\,(1 - |\tau|/T)\,d\tau}{\frac{1}{T}\int\limits_{-\infty}^{\infty} (1 - |\tau|/T)\,d\tau} \right]^{1/2} \tag{3.57}$$

Dieses Integral hat die Lösung

$$B_{\check{z}^2_{Fi}} = \left[2 \left\{ \frac{2\beta + E - 1}{4\beta^2} + \frac{(\beta^2 - \alpha^2)(EC - 1) - 2\alpha\beta ES + 2\beta\gamma}{4\gamma^2} \right\} \right]^{1/2}, \tag{3.58}$$

wobei

$$\beta = b_s T, \qquad \alpha = \omega_o T, \qquad \gamma = (b_2^2 + \omega_o^2 + \omega_o^2)T^2,$$

$$E = e^{-2b_s T}, \; C = \cos 2\omega_o T, \; S = \sin 2\omega_o T$$

ist.

Der Verlauf von $B_{\check{z}^2_{Fi}}$ ist in Abb. 22 in Abhängigkeit von der Meßzeit wiedergegeben. Er gilt für den bei der Auswertung verwendeten Gerätepark. Für das Leistungsspektrum der Korrelatoreigenfunktion folgt dann:

$$\Phi_{\check{z}Fi}(\omega) = 2\,\frac{M_{\check{z}^2_{Fi}}}{b_s\pi}\,(1 + \lambda k B_{z^2_{Fi}}) \text{ mit } 0 < \lambda < 1$$

$$= \Phi_{\check{z}B}(\omega_o)\,(1 + \lambda k B_{\check{z}^2_{Fi}}). \tag{3.59}$$

λ berücksichtigt hierbei die mögliche Schwankungsbreite des Fehlers.

Weiter enthält das gespeicherte Signal die systembedingten Fehler, und zwar

1. die systembedingten Fehler des Schwingungsgebers,
2. die in den Zuleitungen entstehenden Fehler,
3. die vom Bandgerät hereingebrachten Fehler.

Da in die Berechnungen der Gesamtfehler eingeht, müssen auch die systembedingten Spektrumsfehler berücksichtigt werden. Ihre Größe läßt sich am leichtesten im Frequenzbereich durch Vergleich der Fourieramplituden des jeweiligen Eingangs- und Ausgangssignals abschätzen. Ist

$\Phi_{\ddot{z}S}(\omega)$ die spektrale Dichte der vom Oberbau auf das Rad ausgehenden Beschleunigungen bei unendlicher Schrieblänge,

$\alpha_{\ddot{z}S}(\omega)$ die zugehörige komplexe Fourieramplitude,

und $\Delta\alpha$ die Differenz zwischen den Fourieramplituden von Ausgangs- und Eingangsgröße,

so ergibt sich für das Leistungsspektrum $\Phi_{\ddot{z}A}(\omega)$ der vom Aufnehmer erfaßten Beschleunigungen:

$$\Phi_{\ddot{z}A}(\omega) = \lim_{T\to\infty} \frac{4\pi}{T} \left|\alpha_{\ddot{z}A}(\omega)\right|^2 = \lim_{T\to\infty} \frac{4\pi}{T} \left|\alpha_{\ddot{z}S}(\omega) + \Delta\alpha_A(\omega)\right|^2. \quad (3.60)$$

Durch formale Berechnung erhält man:

$$\Phi_{\ddot{z}A}(\omega) < \lim_{T\to\infty} \frac{4\pi}{T} \left[\left|\alpha_{\ddot{z}S}(\omega)\right|^2 + 2\left|\alpha_{\ddot{z}S}(\omega)\Delta\alpha_A(\omega)\right| + \left|\Delta\alpha_A(\omega)\right|^2\right]$$

$$= \lim_{T\to\infty} \frac{4\pi}{T} \left|\alpha_{\ddot{z}S}(\omega)\right|^2 \left[1+2\left|\frac{\Delta\alpha_A(\omega)}{\alpha_{\ddot{z}S}(\omega)}\right| + \left|\frac{\Delta\alpha_A(\omega)}{\alpha_{\ddot{z}S}(\omega)}\right|^2\right]. \quad (3.61)$$

Der Ausdruck $\left|\Delta\alpha_A(\omega) \;/\; \alpha_{\ddot{z}S}(\omega)\right|^2$ wird sehr klein und kann vernachlässigt werden. Vernachlässigt man außerdem den Phasenfehler, der eine Phasenverschiebung von maximal 10° bedingt, so ergibt sich:

$$\Phi_{\ddot{z}A}(\omega) \approx \lim_{T\to\infty} \frac{4\pi}{T} \left|\alpha_{\ddot{z}S}(\omega)\right|^2 \left[1 + 2\left|\frac{\Delta\alpha_A(\omega)}{\alpha_{\ddot{z}S}(\omega)}\right|\right] \quad (3.62)$$

Nun ist:

$$\left|\frac{\Delta\alpha_A(\omega)}{\alpha_{\ddot{z}S}(\omega)}\right| = \frac{\Delta b}{b} = B_A(\omega). \quad (3.63)$$

Damit folgt:

$$\Phi_{\ddot{z}A}(\omega) = \lim_{T\to\infty} \frac{4\pi}{T} \left|\alpha_{\ddot{z}S}(\omega)\right|^2 [1 + 2B_A(\omega)]. \quad (3.64)$$

Eine weitere Vereinfachung des Ausdrucks erhält man, wenn man der Rechnung den Maximalwert B_A von $B_A(\omega)$ zugrunde legt. Dieser beträgt 0,85 % (s. Abb. 13). Es ist dann:

$$\Phi_{\ddot{z}A}(\omega) = \lim_{T\to\infty} \frac{4\pi}{T} \left|\alpha_{\ddot{z}S}(\omega)\right|^2 [1 + 2B_A] = \Phi_{\ddot{z}S}(\omega) [1 + 2B_A]. \quad (3.65)$$

Entsprechend ergibt sich für das Leistungsspektrum des verstärkten Meßwertes:

$$\Phi_{\ddot{z}V} = \lim_{T\to\infty} \frac{4\pi}{T} \left|\alpha_{\ddot{z}V}(\omega)\right|^2$$

$$= \lim_{T\to\infty} \frac{4\pi}{T} \left|\alpha_{\ddot{z}A}(\omega) + \Delta\alpha_V(\omega)\right|^2$$

$$= \lim_{T\to\infty} \frac{4\pi}{T} \left|\alpha_{\ddot{z}A}(\omega)\right|^2 (1 + 2B_V)$$

$$= \lim_{T\to\infty} \frac{4\pi}{T} \left|\alpha_{\ddot{z}S}(\omega)\right|^2 (1 + 2\,B_A)(1 + 2\,B_V) \tag{3.66}$$

$$= \Phi_{\ddot{z}S}(\omega)(1 + 2\,B_A + 2B_V). \tag{3.67}$$

B_V ist der Maximalwert des vom Verstärker bewirkten Fehlers. Einschließlich des in den Zuleitungen entstehenden Fehlers beträgt dieser je nach Leitungslänge - 0,5 bis 0 %, hier - 0,05 %.

Berücksichtigt man in der gleichen Weise die vom Bandgerät hereingebrachten Fehler, so ergibt sich

$$\Phi_{\ddot{z}B}(\omega) = \Phi_{\ddot{z}S}(\omega)(1 + 2B_A + 2\,B_V + 2B_B) = \Phi_{\ddot{z}S}(\ )(1 + \Sigma B) \tag{3.68}$$

und damit

$$\Phi_{\ddot{z}BT}(\omega) = \Phi_{\ddot{z}S}(\omega)(1 + 2B_A + 2B_V + 2B_B + \lambda k B_{\ddot{z}}{}^2{}_{Fi}) \tag{3.69}$$

mit $0 < \lambda < 1$

und

$$B_{ges} = 2B_A + 2B_V + 2B_B + \lambda k B_{\ddot{z}}{}^2{}_{Fi}. \tag{3.70}$$

Dabei umfaßt B_B sämtliche Fehlerquellen des Gerätes. Vom Hersteller werden hierzu folgende Quellen angegeben:

1. Fehler infolge regelmäßiger Geschwindigkeitsabweichungen kleiner als 0,2 % vom Nennwert;

2. Maximalfehler zusätzlicher kurzzeitiger Bandgeschwindigkeitsschwankungen (bis 300 Hz) bei

   762 mm/sec 0,15 %,
   381 mm/sec 0,15 %,
   190,5 mm/sec 0,3 %,
   95,25 mm/sec 0,5 %;

3. Linearitätsfehler bezogen auf die beste Gerade durch Null: 1 %.

Der unter 1. genannte Fehler muß nur dann berücksichtigt werden, wenn die Aufnahme und die Wiedergabe des Meßsignals mit verschiedenen Geräten erfolgt. Dies war in der vorliegenden Untersuchung nicht der Fall. Damit ergibt sich beim Bandgerät ein Gesamtfehler von max. 1,5 %.

Wegen der vom Meßsystem eingebrachten Fehler erhält man für den Gesamtfehler einen Grenzwert, der auch durch längste Meßzeiten nicht unterschritten werden kann. Bei der gegebenen Meßausrüstung beträgt dieser 4,4 %. Die Meßzeit wird so gewählt, daß der Streubereich des gemessenen Leistungsspektrums mit der Wahrscheinlichkeit W eine im Rahmen des Vertretbaren vorzugebende Grenze nicht überschreitet.

Zulässig ist in der Statistik noch ein Fehler von 10 %. Damit ergibt sich der durch die endliche Schrieblänge bedingte Fehler zu 6 %. Soll dieser mit einer Sicherheit von 95 % eingehalten werden, so darf die auf den Mittelwert bezogene Streuung 3 % nicht überschreiten. Die daraus resultierende minimale Meßzeit beträgt damit 2 Minuten.

Durch die höchste Versuchsgeschwindigkeit und das Verhältnis von Aufnahme- zur Abspielgeschwindigkeit ist die Meßstrecke festgelegt. Sie errechnet sich zu

$$s = V_{max} t 3{,}6 \frac{\text{Aufnahmegeschwindigkeit in mm/sec bei } V = V_{max}}{\text{Abspielgeschwindigkeit in mm/sec bei } V = V_{max}}. \tag{3.71}$$

Die Schrieblänge wird andererseits begrenzt durch die Forderung nach gleichartigem Oberbau im Gesamtbereich der Versuchsstrecke. Diese Gleichartigkeit dürfte im Normalfall nur auf einer Strekke von 6 km gesichert sein. In diesem Fall ergeben sich besonders bei hohen Geschwindigkeiten unzureichende Schrieblängen. Die kürzeren Schrieblängen haben nun eine vergleichsweise größere Schwankungsbreite der Meßwerte und damit auch eine größere Streuung der zugehörigen Meßwertverteilungen zur Folge. Das führt wiederum zu einer größeren Ungenauigkeit der Meßwerte. Eine ausreichende Genauigkeit läßt sich dann nur durch mehrere auf verschiedenen Meßstrecken mit gleichem Oberbau aufgenommene Schriebe erzielen.

Als Schätzwert für den Mittelwert eines unendlich langen Schriebes wird der Mittelwert von n Meßergebnissen genommen. Es gilt also:

$$\bar{M}_{\ddot{z}^2 Fi} = \frac{\sum_{i=1}^{n} M^{(i)}_{\ddot{z}^2 Fi}}{n}. \tag{3.72}$$

Die so gebildeten Mittelwerte nehmen ebenfalls eine Gaußverteilung an. Die Varianz dieser Verteilung ist jedoch um den Faktor 1/n kleiner als die Varianz der Meßwerte. Es ist also

$$\sigma^2_M(i) = \frac{\sigma^2_{\ddot{z}^2 Fi}}{n} \tag{3.73}$$

bzw.

$$\sigma_M(i) = \frac{\sigma_{\ddot{z}^2 Fi}}{\sqrt{n}}. \tag{3.74}$$

$\sigma_M(i)$ ist die anzustrebende Streuung der Meßwerte. Mit ihr ergibt sich die notwendige Zahl der Messungen zu

$$n = \frac{\sigma_{z}^{2}{}_{Fi}}{\sigma^{2}_{M}(i)} \qquad (3.75)$$

Der bei Zugrundelegung des Mittelwertes als Schätzwert für einen unendlich langen Schrieb gemachte Fehler ist dann in Abhängigkeit von der geforderten Sicherheit:

$$W \left[\left| M^{(i)}_{z}{}^{2}{}_{Fi} - \bar{M}_{z}{}^{2}{}_{Fi} \right| < k\sigma_{M}(i) \right] = S \text{ in } \%. \qquad (3.76)$$

$k\sigma_{M}(i)$ ist der auftretende Fehler.

3.9. Aufnahme- und Bandgeschwindigkeit

Eine systematische Erforschung des Oberbauverhaltens unter einem darüberrollenden Fahrzeug und der daraus resultierenden Fahrzeugerregung verlangt die Ermittlung von Spektrum und Verteilungsfunktion bei verschiedenen Geschwindigkeiten. Vergleichbare Werte wird man nur dann erhalten, wenn außer den Fehlern auch die ausgewerteten Datenmengen übereinstimmen. Dies ist nur der Fall, wenn die aufgezeichneten Funktionen die gleiche Strecke bei gleicher Streckenlänge umfassen. Bei gleichen Streckenlängen ist die Schrieblänge umgekehrt proportionell zur gefahrenen Geschwindigkeit.

Gelingt es, den während einer längeren Zeit aufgenommenen Schrieb dem Auswertgerät innerhalb der gleichen Zeit zur Verfügung zu stellen, so wird auch der Fehler konstant bleiben. Dieser Vorgang läuft auf eine Zeitraffung des Schriebes durch verschiedene Aufnahme- und Abspielgeschwindigkeiten hinaus.

Nun kann man die Bandgeschwindigkeiten nicht willkürlich wählen. Vielmehr lassen die üblichen Geräte nur vier Geschwindigkeiten zu, die sich wie 1:2:4:8 verhalten. Im gleichen Verhältnis müssen die Geschwindigkeiten während der Aufnahme gefahren werden. Nachfolgende Tabelle gibt eine Übersicht über die Bandgeschwindigkeiten des benutzten Gerätes und als Beispiel eine Aufstellung der zu wählenden Fahrgeschwindigkeiten und Meßzeiten. Die gegebenen Werte beziehen sich auf eine Versuchsstrecke von 4 km.

Tab. 3: Zu wählende Bandgeschwindigkeiten des Phillips-Bandspeichers bei Signalaufnahme und zugehörige Meßgeschwindigkeiten

Bandgeschwindigkeit in mm/sec	Meßgeschwindigkeit in km/h	notwendige Meßdauer in min
95,25	15	16
190,5	30	8
381	60	4
762	120	2

Bei verschiedenen Aufnahme- und Abspielgeschwindigkeiten des Bandes muß auch der Gleichlauffehler berücksichtigt werden. Dieser liegt bei 0,2 % und führt zu keiner wesentlichen Verfälschung der Meßergebnisse. Außerdem wird die Frequenz im Verhältnis der Bandgeschwindigkeiten erhöht. Durch Verkleinerung der Abszissen-Auslenkung läßt sich jedoch dem entgegenwirken.

3.10. Die Meßanordnung

3.10.1. Schaltungsaufbau zur Messung der Amplitudenverteilung

Wie aus Abb. 21 zu entnehmen ist, beträgt die Meßzeit 30 sec. Diese Meßdauer läßt sich im gegebenen Frequenzbereich mit dem ISAC-Korrelator verwirklichen, so daß keine besonderen Schaltungsmaßnahmen erforderlich wurden.

3.10.2. Probleme des Schaltungsaufbaus bei der Messung des Leistungsspektrums

Im Normalfall wird beim ISAC-Rechner zur Ermittlung des Leistungsspektrums das zu untersuchende Signal auf einem Magnetband gespeichert und das Band zu einer endlosen Schleife zusammengeklebt. Infolge der konstruktionsbedingten maximal möglichen Länge des auszuwertenden Magnetbandes ergibt sich bei einem zu analysierenden Frequenzbereich von 0 ÷ 100 Hz zwangsläufig eine maximale Auswertzeit von 30 sec. Da sich der tatsächliche Meßbereich von 0 ÷ 60 Hz erstreckte und die Bandgeschwindigkeit nur stufenweise veränderlich ist, ergaben sich eben diese 30 sec als die in Betracht kommende Analysezeit. Diese Auswertzeit bedingt aber zusammen mit den prinzipiellen Fehlern des Gerätes maximale Verfälschungen von ± 9 %. Es ergibt sich nun jedoch die Möglichkeit, zwei verschiedene je 30 sec lange Signalabschnitte auszuwerten und die dabei erhaltenen Spektrumswerte zu mitteln. Damit erreicht man, daß sich der Fehler auf ± 6 % reduziert. Wollte man nun den Fehler aus den in Abschnitt 3.8.2. angegebenen Gründen auf ± 5 % beschränken, so erforderte dies eine Rechenzeit von wenigstens 2 Minuten. Bänder mit einer Laufzeit von mehr als 30 Sekunden lassen sich aber nur auswerten, indem man das zu analysierende Signal direkt vom Analogspeicher eingibt. Damit verzichtet man auf die automatische Auswertung und muß den entsprechenden Bandausschnitt nach jedem Durchlauf von Hand zurückspulen.

Insgesamt würde sich bei einem solchen Auswertverfahren bei den betrachteten Signalen die notwendige Arbeitszeit von 5 Stunden bei einer Auswertzeit von 2 x 30 sec je Meßpunkt auf 24 Stunden bei einer Auswertzeit von 2 min je Meßpunkt erhöhen. Eine Abwägung zwischen Aufwand und Nutzen läßt daher das erste Verfahren als vorteilhafter erscheinen, das deshalb auch angewendet wurde. Diese Entscheidung war auch dadurch bedingt, daß wegen der in Abschnitt 1. erwähnten Schwierigkeiten bei der Signalwiedergabe lediglich Bandlängen für eine Analysezeit von maximal einer Minute vorlagen.

3.10.3. Schaltungsaufbau zur Messung des Leistungsspektrums

Nach den Erwägungen des vorherigen Abschnittes ist eine automatische Signalauswertung mit dem ISAC-Rechner durchführbar. In diesem Falle würde jedoch ohne Schaltungsänderung das gefilterte quadrierte Signal nicht von einem Integrator, sondern von einem Tiefpaßfilter gemittelt werden. Dies ist jedoch nach den in Abschnitt 3.8.2. aufgeführten Gründen nicht vorteilhaft. Deshalb wurde das quadrierte Signal nicht vom Tiefpaßfilter gemittelt, sondern über einen Integrationsverstärker des Analogrechners TR10 von EAI.

Da das aufgezeichnete Signal eine Gleichstromkomponente enthielt, mußte zusätzlich zum Analyseteil ein Hochpaßfilter vorgeschaltet werden, das diese Komponente eliminierte. Der dabei unvermeidbar auftretende neue Gleichstromanteil wurde mit Hilfe eines Summierverstärkers des bereits erwähnten EAI-Analogrechners kompensiert. Abb. 19 zeigt die fertige Meßschaltung.

4. Diskussion der Ergebnisse

Die praktische Seite der Arbeit umfaßt die Analyse von Leistungsspektren und Verteilungsfunktionen der auf der Bundesbahnstrecke Langenhagen - Celle (vgl. Abschnitt 3.3.) in Abhängigkeit von Achslast, Geschwindigkeit und Oberbauarten gemessenen Achsbeschleunigungen. Aus jedem Oberbaubereich wurden aus den in Abschnitt 3.8.2. angegebenen Gründen zwei 30 Sekunden lange Meßabschnitte ausgewählt und in der beschriebenen Weise analysiert. Die Auswahl erfolgte an Hand der Aufzeichnungen des 8-Kanalschreibers von Hellige Typ 19 so, daß in allen drei Spuren keine extremen Abweichungen vom mittleren Verlauf auftraten. Als Beispiel zeigt Abb. 23 die Aufzeichnungen der Achsbeschleunigungen des Abteilwagens Typ Büm und der Lok 110 im Meßabschnitt von km 20,6 - 18,6, zusammen mit dem Signal des Zeitgebers, der ein Auffinden der ausgewählten Analyseabschnitte auf der Tonspur überhaupt erst ermöglichte.

Die nach diesem Verfahren ermittelten Kurven der Verteilungsfunktion sind in Abb. 24 bis 35, die entsprechenden Spektren in Abb. 36 bis 47 wiedergegeben. Welche Schlüsse lassen sich nun aus den abgebildeten Diagrammen ziehen?

Die Beantwortung dieser Frage hängt davon ab, aus welcher Sicht man die Ergebnisse betrachtet. Den Fahrzeugbauer interessiert, welche Schwingungseigenschaften das Fahrzeug in Abhängigkeit von Eigengewicht, Geschwindigkeit und Oberbau aufweist. Der Oberbauingenieur will hingegen wissen, welcher Oberbau die Voraussetzungen für einen optimalen Fahrzeuglauf bietet. Um beiden Fragestellungen gerecht zu werden, sollen die Versuchsergebnisse in den folgenden Abschnitten unter diesen zwei Gesichtspunkten betrachtet werden.

Die aus den Meßschrieben gezeichneten Diagramme der Verteilungsfunktionen dienen lediglich zum Nachweis der Gaußverteilung der von den Schienen ausgehenden Erregung. Die eigentlich interessanten Ergebnisse liefern die Spektren der Achsbeschleunigungen.

4.1. Grundlagen für die Deutung des Spektrums

Um zu einer Deutung der Ergebnisse zu kommen, ist es zunächst notwendig, sich eine klare Vorstellung vom Aufbau der Spektren zu verschaffen. Grundsätzlich kann man zunächst bei allen ermittelten Spektren (vgl. die Abb. 36 bis 47) feststellen, daß diese aus einem Grundspektrum bestehen, dem sich einige Spektrumsspitzen überlagern. Diese Spitzen resultieren, wie aus theoretischen Überlegungen des Abschnittes 2.1. hervorgeht, aus den Eigenschwingungen des Gleises - auftretend bei den Frequenzen

$$\omega_e = \frac{1}{2\pi}\sqrt{\frac{EJ}{m}k^4 + \frac{c}{m}} \qquad (4.1)$$

und der Periodizität der Schwellen, auftretend bei den Frequenzen

$$\omega = \frac{2\pi V}{3{,}6 z L_o}. \qquad (4.2)$$

Hierin ist

V = Fahrzeuggeschwindigkeit in km/h,
k = Wellenzahl,
L_o = Schwellenabstand,
z = Schwellenzahl.

E J, m, c sind die in Abschnitt 2.2. bereits abgehandelten Gleiskonstanten. Die in der letzten Formel zum Ausdruck kommende Geschwindigkeitsabhängigkeit besteht auch beim Grundspektrum, denn jede der aus einer zu denkenden Fourierzerlegung der Fahrbahnunebenheiten hervorgehenden harmonischen Wellen wird ja innerhalb einer bestimmten Zeit t durchfahren, die allein von der Geschwindigkeit des Fahrzeugs und der betrachteten Wellenlänge abhängt:

$$t = \frac{\lambda\, 3{,}6}{V}. \qquad (4.3)$$

Die beschriebenen harmonischen Wellen findet man auch im Leistungsspektrum der gemessenen Achsbeschleunigungen bei den Frequenzen

$$\omega = \frac{2\pi V}{\lambda\, 3{,}6}. \qquad (4.4)$$

Zwischen den Frequenzen - hervorgegangen aus gleicher Wellenlänge, aber verschiedener Geschwindigkeiten - gilt demnach die Beziehung:

$$\omega_2 = \omega_1 \frac{V_2}{V_1} \qquad (4.5)$$

Hierin ist ω_1 die der Geschwindigkeit V_1 zugeordnete Frequenz.

Wenn man zudem annimmt, daß das Rad nie den Kontakt zur Schiene verliert, so kann man auch die Höhe der Spektralamplituden in Abhängigkeit von der Geschwindigkeit abschätzen. In diesem Fall müssen nämlich die vertikalen Achsbeschleunigungen quadratisch mit der Geschwindigkeit anwachsen. Dann erhöhen sich die aus den Unebenheiten resultierenden Spektrumsamplituden nach der 4. Potenz der Geschwindigkeit:

$$\Phi_{zS}(\omega_2) = \Phi_{z_1S}(\omega_1)\left(\frac{V_2}{V_1}\right)^4 \qquad (4.6)$$

Die vorstehenden theoretischen Aussagen decken sich mit den Ergebnissen der Analyse. Zunächst findet man tatsächlich die von der Schwellenperiodizität hervorgerufenen Spitzen bei den von der Formel angegebenen Frequenzen. Allerdings ergibt nur die 1., 3. und 5. Harmonische eine Spitze. Aus den Spektrumsspitzen der Eigenschwingungen läßt sich schließlich für die Grundharmonische beim Oberbau K49 1588 Hh eine Frequenz von 27 Hz ablesen, für den Oberbau K49 1588 H eine Frequenz von 26 Hz und für den Oberbau K49 1588 Ba eine Frequenz von 27,2 Hz. Die 1. Harmonische liegt bei den gleichen Oberbauarten bei 40,5 Hz bzw. 39,5 und 43 Hz. Auch dieses Ergebnis stimmt mit den von Betzhold ermittelten Eigenfrequenzen überein. Hinsichtlich der Amplitudengröße der Eigenschwingungen liegen bisher keine vergleichbaren Ergebnisse vor. Eine vergleichende Betrachtung zur Ermittlung des Radlast- und Geschwindigkeitseinflusses hat von diesen Zusammenhängen auszugehen. Bei der Ermittlung des Radlasteinflusses wird man also die zu gleichen Frequenzen gehörenden Spektrumsamplituden vergleichen, während man bei der Betrachtung des Geschwindigkeitseinflusses die Frequenzverschiebung mit berücksichtigen muß.

4.2. Die Deutung der Spektren

Aufbauend auf den Erörterungen des Abschnittes 2.2. läßt sich ebenfalls der Geschwindigkeits- und Radlasteinfluß auf das Spektrum finden. Im folgenden wird zunächst der Radlasteinfluß näher erörtert.

Vergleicht man dazu die zu gleichem Oberbau und Geschwindigkeiten gehörenden Diagramme, so kann man feststellen, daß im unteren Geschwindigkeitsbereich sämtliche Grundspektren kleinere Amplituden aufweisen, während von ungefähr 40 Hz an alle zur höheren Radlast gehörenden Spektrumsamplituden diejenigen der kleineren Radlast übersteigen.

Hieraus läßt sich vermuten, daß durch die höhere Radlast im unteren Geschwindigkeitsbereich die geometrischen Unebenheiten niedergewalzt werden, wodurch eine gewisse Glättung der Fahrbahn eintritt. Mit abnehmender Wellenlänge ist die Aufenthaltszeit des Rades dann jedoch nicht mehr ausreichend, um den Glättungsvorgang zu bewirken.

Auf die Spektrumsspitzen wirkt die höhere Radlast in unterschiedlicher Weise, während die Grundharmonischen der Spitzen, die aus der Schwelleneinsenkung resultieren, bei allen Spektren auf etwa $\frac{1}{3}$ der bisherigen Höhe absinken, ist bei der 3. Harmonischen der Rückgang nur noch unwesentlich und bei der 5. Harmonischen überhaupt nicht vorhanden. Die 2. und 4. Harmonische liefern keine Spitzen. Ebenso bleiben die Spitzen der Eigenschwingungen bei höherer Radlast völlig aus.

Diese Erscheinung ist jedoch nicht auf die höhere Radlast zurückzuführen, sondern vielmehr auf die Anordnung des Beschleunigungsgebers auf dem vorderen Achslager der Lok. Diese Achse läuft, wenn man die Dörr'schen Rechnungen zugrunde legt, in einer mit dem Lastangriffspunkt mitlaufenden Biegewelle, von der aus das Gleis in beiden Richtungen mit der Eigenfrequenz schwingt. Alle anderen Achsen des Zuges laufen demzufolge in den Bereich der Eigenschwingungen hinein, während der erste Lokomotivradsatz aus dem entsprechenden Bereich der nachfolgenden Radsätze herausläuft und damit keine Eigenschwingungen ausführt.

Dieser bereits in der Meßanordnung begründete Fehler läßt keine Auswertung des Radlasteinflusses auf die Eigenfrequenzen zu. Die Erhöhung der Geschwindigkeit wirkt sich, wie bereits begründet, in einer Erhöhung des Grundspektrums und einer zusätzlichen Verschiebung der zugeordneten Amplituden in höhere Frequenzbereiche aus. Vergleicht man Spitzen gleicher Periodizität, so wird man feststellen, daß die Einsenkung nicht ganz dem theoretisch angegebenen Verhältnis folgt, sondern den an sich zu erwartenden Wert geringfügig unterschreitet, was den Schluß zuläßt, daß die Amplituden zugeordneter Einsenkungswellen mit höherer Geschwindigkeit abnehmen. Diese Tatsache würde den Ergebnissen von Kraus widersprechen, wenn nicht durch die höhere Geschwindigkeit zusätzliche weitere Spitzen verhaltensbestimmend hinzukämen.

Dadurch wird die durch das Integral über alle Spitzen sich ergebende Durchsenkung tatsächlich, wie von Kraus ermittelt, größer.

Weiterhin stellt man bei den Eigenfrequenzen eine geringe Verschiebung der 1. Harmonischen in den Bereich höherer Frequenzen fest, obwohl dies theoretischen Überlegungen zufolge nicht zu erwarten ist. Eine solche Eigenfrequenzerhöhung läßt sich nur durch eine Versteifung des Gleises erklären. Letztere kann entweder, wie schon beim Durchsenkungseinfluß, auf den Faktor "Zeit" zurückzuführen sein oder aber auch auf die Erhöhung der mittleren Masse des darüberrollenden Zuges. Die entsprechende Verschiebung der Grundharmonischen bleibt hingegen vernachlässigbar klein. Außerdem zeigt sich, daß sich mit wachsender Geschwindigkeit die Spektralamplituden der Eigenfrequenzspitzen nicht mit der 4. Potenz erhöhen, sondern die Erhöhung weit unter diesem Verhältnis bleibt. Der einzig mögliche Schluß ist, daß die Amplituden der Eigenschwingungen mit wachsender Geschwindigkeit abnehmen.

Dieses Ergebnis betrifft sowohl die Grundharmonische als auch die Oberschwingung und gilt für alle Oberbauarten. In grober Näherung läßt sich also die einer höheren Geschwindigkeit zugeordnete Leistung nach der angegebenen Beziehung bestimmen, wenn man dabei nur die Eigenfrequenzen außer acht läßt. Damit ist aber der für den Ingenieur wichtige Schluß gezogen, weil er mit einer solchen Abschätzung in jedem Fall auf der sicheren Seite liegt.

4.3. Das dynamische Verhalten verschiedener Oberbauarten

Um die Frage zu beantworten, welcher Oberbau schwingungstechnisch die besseren Eigenschaften aufweist, bedarf es zuvor einer Klärung des Begriffes "günstiges Schwingungsverhalten".

Ein Oberbau ist dann als schwingungstechnisch günstig anzusehen, wenn die von ihm ausgehende Erregung im Vergleich zur Erregung aller anderen Oberbauarten gleichen Schwellenabstandes die kleinsten Leistungsamplituden aufweist. Nun ist aber die vom Oberbau ausgehende Erregung nie einfrequent, sondern setzt sich immer aus überabzählbar vielen verschiedenfrequenten Vorgängen zusammen. Derartige Vorgänge zeichnen sich durch ein kontinuierliches Leistungsspektrum aus, wie dies auch aus den Abb. 36 bis 47 hervorgeht.

In einem solchen Spektrum ist es aber durchaus möglich, daß abhängig vom Frequenzbereich wechselnde Oberbauarten die kleinsten Spektralamplituden aufweisen können. Für die Fahrzeugbeeinflussung ist vor allem der Bereich von 1 - 16 Hz von Bedeutung. Für den Fall, daß mehrere Oberbauarten im gesamten Frequenzbereich günstig erscheinen, ist deshalb derjenige Oberbau zu bevorzugen, der gerade zwischen 1 und 16 Hz die kleinsten Amplituden bewirkt.

Eine solche vergleichende Betrachtung läßt sich natürlich nur bei gleichen Geschwindigkeiten und Radlasten durchführen. Deshalb müssen in den Vergleich alle in der Praxis vorkommenden Geschwindigkeiten und Gleisbelastungen einbezogen werden.

Bei der Forderung nach einem kleinen Grundspektrum dürfen die Spektrumsspitzen nicht unberücksichtigt bleiben, da gerade diese den Unterhaltungszustand des Oberbaues verschlechtern. Kleine Spektrumsspitzen sind also demnach vom Standpunkt des Oberbauingenieurs her erstrebenswert.

Geht man in dieser Weise vergleichend vor, so zeigen sich von den untersuchten Oberbauarten hinsichtlich des Grundspektrums die Ausführungen K49 1588 H und K49 1588 Ba als gleichwertig. Die Leistungsamplituden des Oberbaues K49 1588 Hh liegen im gesamten Bereich über dem der anderen beiden Oberbauarten. Auch weist diese Ausführung durchweg höhere Einsenkungsspitzen auf. Das gleiche gilt ebenso für die Eigenfrequenzspitzen, und zwar sowohl bei der Grundharmonischen als auch bei der ersten oberen Eigenschwingung. Der eigentliche Vergleich bezieht sich also nur noch auf die beiden Oberbauarten K49 1588 H und K49 1588 Ba. Hier lassen sich bei der Ausführung mit Holzschwellen zwar höhere Eigenfrequenzspitzen feststellen, doch bleiben die erste und dritte Harmonische der Einsenkung unter denen des Betonoberbaues. Dies läßt auf eine höhere Dämpfung der Holzschwellen schließen. Die 5. Harmonische ist bei beiden Oberbauarten gleich hoch.

In dem besonders wichtigen Frequenzbereich von 0 - 20 Hz weist der Holzoberbau die besseren Eigenschaften auf. Vom Standpunkt des Oberbauingenieurs aus betrachtet sind allerdings Betonschwellen den Holzschwellen geringfügig überlegen.

In der Tendenz gleiche Beobachtungen lassen auch die Abb. 42b bis 44b zu, die aus Messungen an der Lokachse bei 70 km/h entstanden sind. Dasselbe liefert überdies auch ein Vergleich der Spektren der Abb. 39b bis 41b, aufgenommen unter dem Wagen bei

140 km/h. Dieses allgemein günstige Verhalten des Holzschwellenoberbaues K 1588 H verschlechtert sich nur ab 40 Hz bei den Spektren der Lokomotivachsbeschleunigungen, die bei 140 km/h aufgenommen wurden. Aber auch hier bleiben die Spitzen der 3. wie auch der 5. Harmonischen der Schwelleneinsenkung unter denen des Betonoberbaues. Da hinsichtlich der Schwingungsfragen der Bereich oberhalb 30 Hz weniger interessant ist, ist zumindest von diesem Gesichtspunkt her der Holzoberbau vorzuziehen. Damit zeigt der Vergleich, daß von den drei untersuchten Oberbauarten die Ausführung K 49 1588 H, wie sie auf der Strecke Langenhagen - Celle verlegt war, die günstigen Eigenschaften hatte.

4.4. Vorschläge für eine Verbesserung der Signalauswertung

Wie sich aus Abb. 36 bis 47 zeigte, ließen sich aus den analysierten Spektren nicht genau der Radlast- und Geschwindigkeitseinfluß bestimmen, sondern nur näherungsweise der Geschwindigkeitseinfluß. Um beide Einflüsse genau zu erfassen, wären weitergehende Untersuchungen erforderlich. Bei den bisherigen Messungen zeigte sich außerdem als nachteilig, daß die Spektren im unteren Frequenzbereich, der gerade für die Fahrzeugschwingungen besonders interessant ist, nicht mit ausreichender Genauigkeit aufgenommen werden konnten, weil die Verstärker hier durch Gleichanteile, die sich bei der Analyse überlagern, übersteuert worden sind. Eine Möglichkeit, diese Übersteuerung zu vermeiden, bestünde darin, das aufgenommene Signal oberhalb 4 Hz wegzufiltern und das verbleibende Restsignal bei der Aufnahme voll auszusteuern, so daß bei einer späteren Untersuchung im Bereich von 0 - 4 Hz das zu analysierende Signal wesentlich größer ist als ein unvermeidbarer Gleichanteil. Parallel dazu müßte dann das oberhalb 4 Hz weggefilterte Signal mit aufgezeichnet und getrennt analysiert werden. In diesem Fall könnte der gesamte Bereich bis 60 Hz aufgezeichnet werden, weil der Gleichanteil nicht nur im oberen Frequenzbereich weggefiltert werden kann, sondern auch unterhalb von 4 Hz.

5. Die digitale Signalauswertung

5.1. Vorteile einer digitalen Signalauswertung

So bestechend einfach das besprochene analoge Auswertverfahren hinsichtlich des Geräteaufbaus ist, so viele Nachteile bringt es für den Bediener. Vor allem zu nennen wäre hier der mit dem Verfahren verbundene Zeitaufwand von ca. 5 Stunden für die zur Fehlerminimierung erforderlichen zwei Durchläufe, gegenüber einer Umsetzzeit von ca. einer Stunde und einer weiteren Rechenzeit von 80 Sekunden bei digitaler Auswertung. Wegen der großen Spektrumsschwankungen konnte außerdem bei der analogen Auswertung nicht mit einer konstanten Verstärkung (vgl. Abschnitt 3.10.3.) gearbeitet werden. Vielmehr mußten, abhängig von der Spektrumshöhe, die Verstärkungsfaktoren so eingestellt werden, daß der Rechner mit ausreichend hohen Spannungen arbeitet, andererseits aber nicht übersteuert. Dadurch lassen die aufgezeichneten Diagramme zunächst keine quantitativen Aussagen zu, sondern erfordern erst eine weitere manuelle Umzeichnung mit einem einheitlichen Bezugsmaßstab. Der dazu notwendige Zeitaufwand entfällt ebenfalls bei einer digitalen Auswertung, deren Ergebnisse sofort in einem einheitlichen Maßstab graphisch wiedergegeben werden können. Die vergleichende Betrachtung läßt somit eine digitale Auswertung sinnvoller erscheinen, zumal dann auch das Einlesen und die Programmformulierung nur je einmal erforderlich sind. Ebenso ist auch das Programm nur einmal zu erstellen. Zuvor muß jedoch das Signal digitalisiert werden. Der hierfür erforderliche Wandler steht in Aachen als Teil der Prozeßrechenanlage PDP 7 des Institutes für Strahlantriebe und Turboarbeitsmaschinen zur Verfügung. Die Umsetzung verlangt hier einen Eingriff in die Eingangsschaltung. Die erforderliche Schaltmaßnahme, das Rechenprogramm, sowie die zugehörigen numerischen Methoden werden in den folgenden Abschnitten beschrieben.

5.2. Theoretische Ansätze zur digitalen Berechnung

Digital rechnen heißt mit diskreten Werten rechnen. Das wiederum setzt voraus, daß man

1. den stochastischen Vorgang $x(t)$ durch eine Folge von in äquidistanten Schritten Δt getasteten Funktionswerten $x_k = x(k\Delta t)$ ersetzt und

2. bei allen integralgebildeten Kennfunktionen die Integrale durch Summenausdrücke gemäß der Trapez- bzw. der Simpson-Regel ausdrückt.

Es ist klar, daß man dann auch die Kennfunktionen nur in konstanten Intervallschritten ermitteln kann.

Der aufwendige Abtastvorgang läßt sich mit Analog-Digital-Wandlern bewerkstelligen, und zwar sowohl mit externen Geräten wie auch mit prozeßrechnerverbundenen Wandlern. Dagegen bedarf die Frage, mit welchen numerischen Verfahren integriert werden soll, einer eingehenden Erörterung. Welches der folgenden Verfahren zweckmäßiger erscheint, läßt sich kaum allgemeingültig beantworten. Sicher wird man immer dem Verfahren den Vorzug geben, das zu einer geringeren Abweichung des Summenausdruckes vom Integralwert führt. Dies wäre die Simpson'sche Regel mit einer Fehlerordnung $O(\Delta h^4)$. Doch läßt sich mit diesem Verfahren nur dann arbeiten, wenn die Zahl der Funktionswerte höher ist, als von der Analyse gefordert wird. Das setzt aber schnell arbeitende Wandler voraus, über die man nicht immer verfügen wird. Aus diesem Grunde werden im folgenden die Gleichungen für beide Berechnungsverfahren aufgestellt. Natürlich kann es sich bei den Summenformeln nur um endliche Summen handeln. Denn auch bei einer digitalen Auswertung lassen sich nur endliche Schrieblängen realisieren, einmal aus Gründen der endlichen Speicherkapazität, dann aber auch aus rein ökonomischen Gründen.

Zu berechnen sind ebenfalls die Verteilungsfunktion und das Leistungsspektrum der Radbeschleunigungen. Beide Funktionen kann man nur näherungsweise ermitteln. Die Verteilungsfunktion wird dabei durch Summation der relativen Klassenhäufigkeiten mit folgender Beziehung angenähert:

$$W_T(x_i < k) = \frac{1}{n} \sum_{i=1}^{n} \chi_k(x_i) \qquad (5.1)$$

mit

$$\chi_k(x_i)i := \begin{cases} 1 \text{ falls } x_i < k \\ 0 \text{ falls } x_i > k. \end{cases} \tag{5.2}$$

Grundsätzlich ließe sich nun auch die spektrale Dichte direkt aus den abgetasteten Funktionswerten x_i nach der in Abschnitt 3.2.6. angegebenen Beziehung bestimmen, doch ginge eine solche Rechnung zu Lasten der statistischen Sicherheit der Meßwerte. Errechnet man hingegen die spektrale Dichte aus den Schätzwerten der Korrelationsfunktion, so läßt sich die statistische Sicherheit durch Benutzung von "Fensterfunktionen" wesentlich erhöhen. Aus diesem Grunde soll hier allein diese Methode in Betracht gezogen werden. Es ist also zunächst der Schätzwert der Korrelationsfunktion zu ermitteln. Das Integral kann dabei selbstverständlich sowohl durch die Rechtecksformel als auch durch die Trapezregel bzw. durch die Simpson'sche Formel angenähert werden. Berechnet man den Schätzwert nach der Rechtecksformel in Schritten $\Delta\tau = i\Delta t$, so ergibt sich, wenn n + 1 Funktionswerte x_i zur Verfügung stehen:

$$R_{xxT}(i\Delta t) = \frac{1}{n-i+1} \sum_{k=0}^{n-i} x_k x_{k+i} \quad i = 0,\dots,m$$

$$\text{wobei } m = \frac{\tau_{max}}{\Delta\tau}. \tag{5.3}$$

Bei gleicher Anzahl von Funktionswerten x_i und gleicher Schrittweite $\Delta\tau$ ergibt sich nach der Trapezregel:

$$R_{xxT}(i\ t) = \frac{1}{n-i}\left[\frac{1}{2}x_o x_i + \sum_{k=1}^{n-i-1} x_k x_{k+i} + \frac{1}{2}x_{n-i}x_n\right]$$

$$i = 0,\dots,m = \frac{\tau_{max}}{\Delta\tau}. \tag{5.4}$$

Will man die Schätzwerte $R_{xxT}(i\Delta t)$ mit Hilfe der Simpson'schen Regel berechnen, so benötigt man die doppelte Zahl von Integrationsintervallen, also 2n + 1 Meßwerte x_i, wobei $x_i = x(i\frac{\Delta t}{2})$ ist. Es ergibt sich dann:

$$R_{xxT}(i\Delta t) = \frac{\frac{\Delta t}{2}}{3(2n\frac{\Delta t}{2} - 2i\frac{\Delta t}{2})}\left[x_o x_i + 4\sum_{p=0}^{n-i-1} x_{2p+1}x_{2p+1+i} + 2\sum_{q=1}^{n-i-1} x_{2q}x_{2q+i} + x_{2n-i}x_{2n}\right];\ i = 0,\dots,m = \frac{\tau_{max}}{\Delta\tau} \tag{5.5}$$

Die zur Berechnung der Varianz und des Erwartungswertes der Schätzwerte der Korrelationsfunktion erforderliche Erwartungstreue ist bei allen drei numerischen Verfahren erfüllt, wie man aus der Beziehung $E(\Sigma\xi_i) = \Sigma E(\xi_i)$ ableiten kann.

Aus den so zu errechnenden Schätzwerten der Korrelationsfunktion läßt sich nun mit Hilfe der Wiener-Khintchine-Beziehung der Schätzwert für die Leistung des stochastischen Vorganges ermitteln, und zwar ebenfalls durch Summation nach einem der drei numerischen Verfahren. Zur Erhöhung der statistischen Sicherheit ist es hierbei allerdings erforderlich, wie noch weiter unten gezeigt werden soll, die Schätzwerte $R_{xxT}(i\Delta\tau)$ mit den zugeordneten Werten der Fensterfunktion $g_\nu(i\Delta\tau)$ zu multiplizieren.

Wie man an Hand des Faltungssatzes zeigen kann, sind die so ermittelten Schätzwerte $g_\nu(i\Delta\tau)R_{xxT}(i\Delta\tau)$ nur dann erwartungstreu, wenn man die transformierten Werte $g_\nu(i\Delta\tau)R_{xxT}(i\Delta\tau)$ (ω) durch das Integral über die fouriertransformierte Fensterfunktion dividiert. Hat das Integral über die fouriertransformierte Fensterfunktion den Wert

$$\int_{-\infty}^{\infty} G_\nu(\omega)\, d\omega = c,$$

so ergibt sich nach der Trapezregel für den Schätzwert des Spektrums:

$$\Phi_{\nu xT}(r\Delta\omega) = \frac{\Phi_{\nu xT}(r\Delta\omega}{c} =$$

$$= \frac{1}{c}\Delta\tau\ [R_{xxT}(0\Delta\tau) + 2\sum_{k=1}^{m-1} R_{xxT}(k\Delta\tau)g_\nu(k\Delta\tau)\cos(r\Delta\omega k\Delta\tau)$$

$$+ R_{xxT}(m\Delta\tau)g_\nu(m\Delta\tau)\cos(r\Delta\omega m\Delta\tau)] \quad ; \quad m = \frac{\tau_{max}}{\Delta\tau}. \qquad (5.7)$$

Bei Benutzung der Simpsonregel gilt:

$$\Phi_{\nu xT}(r\Delta\omega) = \frac{\Phi_{\nu xT}}{c} = \frac{1}{c}\,\frac{2\Delta\tau}{3}\ [R_{xxT}(0\Delta\tau)$$

$$+ 4\sum_{p=0}^{m/2-1} R_{xxT}(2p+1)\Delta\tau)g_\nu((2p+1)\Delta\tau)\cos((2p+1)\Delta\tau\, r\Delta\omega)$$

$$+ 2\sum_{q=1}^{m/2-1} R_{xxT}(2q\Delta\tau)g_\nu(2q\Delta\tau)\cos(2q\Delta\tau\, r\Delta\omega)$$

$$+ R_{xxT}(m\Delta\tau)g_\nu(m\Delta\tau)\cos(m\Delta\tau\, r\Delta\omega)]\,. \qquad (5.8)$$

Da bei der Berechnung des Spektrums die Schrittweite $\Delta\omega$ unabhängig von der Schrittweite $\Delta\tau$ ist, kann hier sowohl bei Anwendung der Trapezregel als auch bei Anwendung der Simpson-Regel mit der gleichen Schrittweite gearbeitet werden, doch liefert die Simpson'sche Regel auch bei gleicher Schrittweite $\Delta\tau$ das genauere Ergebnis.

Soll nun die Korrelationsfunktion wie auch das Spektrum nach der Simpson'schen Regel geschätzt werden, so muß nach dem oben Gesagten die Zahl der Funktionswerte x_i doppelt so hoch sein wie von der angestrebten Auflösung* gefordert wird. Die Anwendung der Simpson-Regel ist also nur dann möglich, wenn die Abtastung mit der notwendigen Schnelligkeit erfolgt.

Die Varianz der Funktionswerte x_i berechnet sich schließlich nach der in der Statistik gebräuchlichen erwartungstreuen und konsistenten Schätzformel

$$\operatorname{Var}\{x_i\} \approx \frac{1}{n-1} \sum_{i=1}^{n} [x_i - (\frac{1}{n} \sum_{q=1}^{n} x_q)]^2 . \tag{5.9}$$

Infolge des endlichen Ausschnittes der zu analysierenden Funktion werden natürlich die Meßwerte der Korrelationsfunktion wie auch die der Verteilungsfuntkion von den entsprechenden Funktionswerten der Grundgesamtheit mehr oder weniger stark abweichen. Deshalb gilt es zu untersuchen:

1. welchen Meßfehler der endliche Beobachtungszeitraum verursacht,

2. wie sich die Länge der Abtastperiode auf die Ergebnisse auswirkt.

Die bei Ermittlung der Verteilungsfunktion entstehenden Fehler lassen sich nur schwer abschätzen, doch kann man mit Hilfe von Anpassungstests auf die Verteilungsfunktion der Grundgesamtheit schließen. Dazu muß allerdings zuvor die Verteilungsart der Grundgesamtheit angenommen werden. Dies ist bei den aufgenommenen Beschleunigungen die Gaußverteilung.

Der bei der Analyse der Korrelationsfunktion entstehende Fehler läßt sich dagegen leicht abschätzen, allerdings nur, wenn die obige Hypothese erfüllt ist. In diesem Falle kann man nämlich sowohl den Erwartungswert als auch die Streuung der Meßwerte verschiedener gleichlanger Schriebe in Abhängigkeit von der Schrieblänge und der Abtastperiode berechnen. Hingegen läßt sich nicht die Verteilungsdichte angeben, mit der die Meßwerte streuen. Zwar rechnet Giloi mit der χ^2-Verteilung, doch gilt diese streng genommen nur bei der Spektrumsermittlung nach der Filtermethode. Der sonst aus der Verteilungskurve resultierende Zusammenhang zwischen Fehlergröße, Standardabweichung und Sicherheit läßt sich deshalb nur näherungsweise nach der Tschebyscheff'schen Ungleichung abschätzen:

$$W(|X - E(X)| > \epsilon) < \frac{\sigma^2}{\epsilon^2} . \tag{5.10}$$

Danach ist die Wahrscheinlichkeit dafür, daß die absolute Abweichung des Meßwertes vom Erwartungswert die Größe ϵ übersteigt, kleiner als 100 σ^2/ϵ^2 in $^o/o$.

In den sich anschließenden Abschnitten wird zunächst das Testverfahren zur Ermittlung der Verteilungsfunktion der Grundgesamtheit besprochen. Es folgen dann die Berechnung des Erwartungswertes und der Standardabweichung der Spektrumsschätzwerte sowie die Herleitung der Formel zur Schätzung der erforderlichen Ausschnittsdauer. Dabei werden die nachstehenden Bezeichnungen benutzt:

* siehe Abschnitt 5.4.1. bis 5.4.3.

Es ist:

Φ_{xT}; R_{xxT}	die Leistung und die Korrelationsfunktion eines stochastischen zeitbegrenzten Vorganges der Länge T,
Φ_x; R_{xx}	die Leistung und die Korrelationsfunktion eines unendlich langen stochastischen Vorganges, wobei demnach Φ_x und R_{xx} die Erwartungswerte von Φ_{xT} und R_{xxT} sind,
$g_\nu(\tau)$	die Fensterfunktion im Zeitbereich,
$G_\nu(\omega)$	die in den Frequenzbereich transformierte Fensterfunktion,
$\Phi_{\nu xT}$	das unter Benutzung der Fensterfunktion G_ν ermittelte Spektrum eines stochastischen Signales x der Länge T,
$W(x < k)$	die Verteilungsfunktion der Grundgesamtheit,
$W_T(x < k)$	die aus einem Schrieb der Länge T gewonnene Summenhäufigkeit.

Die Bedeutung aller weiteren noch eingeführten Bezeichnungen wird an entsprechender Stelle erklärt.

5.3. Der Anpassungstest

Wie schon bei der analogen Analyse ist auch bei der digitalen Auswertung die angenommene Hypothese, daß das aufgenommene Signal gaußverteilt sei, auf ihre Richtigkeit zu überprüfen. Mit der getroffenen Annahme ist zwar die Testverteilung bekannt, nicht jedoch deren Parameter $\bar{x}$ und σ. Diese können aus der endlichen Datenmenge nur abgeschätzt werden. Als Test kommt daher nur ein solches Verfahren infrage, das eine Überprüfung der Hypothese auch auf der Basis von geschätzten Parameterwerten der angenommenen Verteilungsdichte zuläßt. In dieser Weise arbeitet eine Modifikation des χ^2-Tests. Dieser Test basiert im wesentlichen auf einem Vergleich der Werte der empirischen Verteilungsfunktion mit den entsprechenden Werten der theoretischen Verteilungsfunktion. Dazu wird bei k-dimensionalen Zufallsvariablen $X^{(k)}$ der Merkmalsraum in punktfremde Teilräume unterteilt und für jeden dieser Teilräume die relative Häufigkeit der Stichprobe ermittelt. Im eindimensionalen Falle, der hier allein von Interesse ist, wird sinngemäß die Merkmalsachse in punktfremde Intervalle zerlegt und ebenso für jedes der Intervalle die relative Häufigkeit aus der Stichprobe ermittelt. Von den errechneten Klassenhäufigkeiten werden nun die Wahrscheinlichkeiten w_ρ, mit der die Zufallsvariable X irgendeinen Wert aus dem betreffenden Intervall annimmt, subtrahiert.

Als Testmaß dienen jedoch nicht die einzelnen Differenzen, sondern die Summe der auf nw_ρ bezogenen Differenzquadrate über alle Klassen ρ:

$$u_r = \sum_{\rho=1}^{r} \frac{(n_\rho - nw_\rho)^2}{nw_\rho} . \tag{5.11}$$

Die w_ρ dürfen dabei im Falle gaußverteilter Zufallsgrößen aus den Schätzwerten

$$\bar{x} = \frac{1}{n} \sum_{i=1}^{n} x_i \text{ und } s^2 = \frac{1}{n-1} \sum_{i=1}^{n} (x_i - \bar{x})^2 \tag{5.12}$$

errechnet werden.

Wie nicht anders zu erwarten, ist u_r selbst eine Zufallsvariable, deren Verteilung mit $n \to \infty$ der χ^2-Verteilung vom Freiheitsgrad r - 3 zustrebt. Man kann aber mit dieser Verteilung bereits dann rechnen, wenn für alle Intervalle $nw_\rho > 4$ ist. Ist vorstehende Bedingung erfüllt, so kann man aus der dann gültigen χ^2-Verteilung vom Freiheitsgrad r - 3 die Wahrscheinlichkeit $W(\chi^2 < c)$ dafür errechnen, daß die Realisierung u_r der Zufallsvariablen kleiner als c ist. Ist nun die ermittelte Realisierung $u_r > c$, dann gilt die Hypothese mit einer Sicherheitswahrscheinlichkeit von W % als abgelehnt. Einige Autoren, so Kreyszig, rechnen anstelle von W mit der Signifikanzzahl $\alpha = 1 - W$. Letztere sollte beim Test zwischen $0{,}01 < \alpha < 0{,}05$ liegen.

Der gesamte Test läßt sich natürlich gleichzeitig mit der digitalen Ermittlung der relativen Klassenhäufigkeiten durchführen. Zu ermitteln sind dabei zunächst die Schätzwerte $\bar{x}$ und s^2. Es sind dann ausgehend von der untersten besetzten Klasse die Klassengrenzen so festzulegen, daß $nw_\rho > 4$ ist. Danach sind für die nun bekannten Klassen die relativen Häufigkeiten zu ermitteln und von diesen die bereits bei der Klassenfestlegung ermittelten w_ρ-Werte abzuziehen. Abschließend ist aus den Differenzen $n_\rho - nw_\rho$ die Quadratsumme u_r zu bilden und die Realisierung mit $c(\alpha)$ zu vergleichen.

Das diesem Rechenablauf entsprechende Fortran-Programm ist in der CDC-Konzeption der RWTH Aachen im folgenden angegeben. Es wird mit 10 000 digitalisierten Funktionswerten gerechnet.

```
              PROGRAM CHICKEN (INPUT,OUTPUT,TAPE1=INPUT,TAPE2=OUTPUT)
        C
        C     PROGRAMM FUER EINEN CHI-QUADRAT-TEST
        C
        C     CONTROL DATA  CD 6400      SCOPE 2.0
        C
000003        EXTERNAL NORMVER
000003        REAL FU(24)
000003        COMMON  Y(1000)
        C
        C
        C     WERTE EINLESEN
        C
```

```
000003          READ (1,10010) INT,IUNT,N
000015   10010 FORMAT(16I5)
000015          READ (1,10020) (Y(I),I=1,N)
000030   10020 FORMAT (8F10)
       C
       C        MITTELWERT
       C
000030          I=N
000032          YS=Y(N)
000033      10 I=I-1
000035          IF(I.EQ.0) GO TO 20
000036          YS=YS+Y(I)
000040          GO TO 10
000040      20 YS=YS/N
       C
       C        STREUUNG
       C
000042          STREU=0.0
000043          DO 50 I=1,N
000045      50 STREU=STREU+(Y(I)-YS)**2
000053          STREU=SQRT(STREU/(N-1))
       C
       C        INTERVALLE FESTLEGEN
       C
000061          NN=INT/2
000064          INT=NN+NN
000065          FU(NN)=YS
000066          NU=NN-1
000070          DIF=STREU/NU
000072      60 TG=(NN-NU)*DIF
000076          FU(INT-NU)=YS+TG
000102          FU(NU)=YS-TG
000103          NU=NU-1
000105          IF(NU.NE 0) GO TO 60
       C
       C        CHI-QUADRAT-TEST
       C
000106          CALL CHIQUA (Y,N,FU,INT,IUNT,TG,YS,STREU,NORMVER)
000116          INT=INT-3
000120          WRITE (2,20010) TG,INT
000127   20010 FORMAT (*0  TESTERGEBNIS*E15.6/*0  ZAHL DER FREIHEITSGRADE*I4)
000127          END
```

Darin wird mit dem Befehl "CHIQUA" das folgende Unterprogramm aufgerufen:

```
                FORTRAN VI SUBROUTINE CHIQUA (F,N,FU,IU,IUNT,TG,PA,PB,THVERT)
       C
       C        CHI-QUADRAT-TEST FUER ZWEIPARAMETRIGE VERTEILUNGEN
       C
000012          REAL  F(N),FU(24),HF(7),FT(25),FE(25),FS(25)
000012          EQUIVALENCE  (E,FOG),(IZ,FUG)
       C
       C
       C        VORBEREITUNGEN
       C
000012          IF(N.LT.16) GO TO 260
000014          IF(25.LT.IU) GO TO 260
000015          IF(IU.LT.3) GO TO 260
000017          IUNE=IUNT+2
000021          TG=IUNT
       C
```

```
       C      ERSTES INTERVALL
       C
000022        SW=(FU(2)-FU)/TG
000024        IF(SW.LE.0.0) GO TO 260
000025        E=SW
000026        I=1
000027     10 XX=FU-(I-1)*SW
000034        YY=THVERT(XX,PA,PB)
000050        CALL MINT (I,XX,YY,HF)
000057        IF(E.EQ.HF) GO TO 20
000061        E=HF
000061        I=I+1
000063        GO TO 10
000063     20 FT=-HF*N
000066        I=N
000067        IFE=0
000070     30 IF(F(I)-FU) 50,40,60
000074     40  IFE=IFE+1
000076         GO TO 60
000076     50 IFE=IFE+2
000100     60 I=I-1
000102        IF(I.NE.0) GO TO 30
000103        FE=IFE/2.0
       C
       C      LETZTES INTERVALL
       C
000105        IT=IU-1
000106        FUG=FU(IT)
000110        SW=(FUG-FU(IT-1))/TG
000114        IF(SW.LE.0.0) GO TO 260
000115        E=-SW
000116        I=1
000117     70 XX=FUG+(I-1)*SW
000125        YY=THVERT(XX,PA,PB)
000141        CALL MINT (I,XX,YY,HF)
000150        IF(E.EQ.HF) GO TO 80
000152        E=HF
000152        I=I+1
000154        GO TO 70
000154     80 FT(IU)=HF*N
000161        I=N
000162        IFE=0
000163     90 IF(F(I)-FUG) 120,100,110
000167    100 IFE=IFE +1
000171        GO TO 120
000171    110 IFE=IFE+2
000173    120 I=I-1
000175        IF(I.NE.0) GO TO 90
000176        FE(IU)=IFE/2.0
       C
       C      RESTLICHE INTERVALLE
       C
000202    130 I=1
000203        FOG=FUG
000205        FUG=FU(IT-1)
000207        SW=(FOG-FUG)/TG
000211        IF(SW.LE.0.0) GO TO 260
000212    140 XX=FUG+(I-1)*SW
000220        YY=THVERT(XX,PA,PB)
000234        CALL MINT (I,XX,YY,HF)
000243        I=I+1
```

```
000244          IF(I.LT.IUNE) GO TO 140
000246          FT(IT)=HF*N
000252          I=N
000253          IFE=0
000254      150 IF(F(I)-FUG) 190,170,160
000260      160 IF(F(I)-FOG) 180,170,190
000264      170 IFE=IFE+1
000266          GO TO 190
000266      180 IFE=IFE+2
000270      190 I=I-1
000272          IF(I.NE.0) GO TO 150
000273          FE(IT)=IFE/2.0
000277          IT=IT-1
000301          IF(IT.NE.1) GO TO 130
000302          IT=0
          C
          C     BERECHNUNG DES TESTERGEBNISSES
          C
000302          TG=0.0
000303      210 IZ=IU+1
000305          HF=FT(IU)
000307          E=FE(IU)
000311      220 IF(E.LT.4.9) GO TO 230
000313          IF(4.9.LT.HF) GO TO 250
000315      230 IU=IU-1
000317          IF(IU.EQ.0) GO TO 240
000317          HF=HF+FT(IU)
000322          E=E+FE(IU)
000324          GO TO 220
          C
          C     FEHLERAUSGANG
          C
000325      260 TG=0 1777 0000 0000 0000 0000
000326          RETURN
          C
000327      240 IT=IT-1
000331          IF(IT.LT.0) GO TO 260
000332          HF=HF+FT(IZ)
000335          E=E+FE(IZ)
000337          IU=1
000340      250 IT=IT+1
000342          FS(IT)=(E-HF)**2/HF
000350          IU=IU-1
000351          IF(IU.NE.0) GO TO 210
000352          IU=IT
          C
000353      270 TG=TG+FS(IT)
000356          IT=IT-1
000357          IF(IT.NE.0) GO TO 270
000360          END
```

Innerhalb des Unterprogramms "CHIQUA" wird das folgende Integrationsprogramm benutzt:

```
                SUBROUTINE MINT (I,X,Y,F)                            MINT 010
         C                                                           MINT 020
         C      DIE ROUTINE INTEGRIERT                               MINT 030
         C                                                           MINT 040
         C      DAS FELD F DARF IM RUFENDEN PROGRAMM NICHT VERAEN-   MINT 050
                DERT WERDEN
         C                                                           MINT 060
000006          REAL F (7)                                           MINT 070
000006          IF(I-2) 10,20,30                                     MINT 080
000010       10 F(1)=0.0                                             MINT 090
000011          GO TO 50                                             MINT 100
000012       20 F(1)=(Y+F(7))*(X-F(4))/2.0                           MINT 110
000017          GO TO 50                                             MINT 120
000017       30 AA=X- F(4)                                           MINT 130
000021          AC=(F(3)-F(4))/AA                                    MINT 140
000024          AE=1.0-AC                                            MINT 150
000026          IF(I.GE.4) GO TO 40                                  MINT 160
000030          F(1)=((3.0-AE-AE)*F(6)-AE**2*F(7))/AC                MINT 170
000036          F(1)=((3.0-AE)*Y+F(1))*AE*AA/6.0                     MINT 180
000044          GO TO 50                                             MINT 190
000044       40 AB=(F(2)-F(4))/AA                                    MINT 200
000047          AH=AB*AC                                             MINT 210
000051          AI=AB+AC                                             MINT 220
000052          AD=1.0-AB                                            MINT 230
000054          F(2)=(AE-AC)*F(5)*AE/AB                              MINT 240
000060          AB=((AB-AD)/AC*AD*F(6)+F(2))/(AB-AC)                 MINT 250
000067          F(2)=6.0*AH                                          MINT 260
000071          AB=(((AI+AI-3.0)*AI+1.0)/AH-AI*8.0+F(2)+7.0)*F(7)+AB MINT 270
000103          F(1)=((3.0-4.0*AI+F(2))*Y+AB)/AD/AE*AA/12.0+F(1)     MINT 280
000115       50 F(2)=F(3)                                            MINT 290
000117          F(3)=F(4)                                            MINT 300
000120          F(4)=X                                               MINT 310
000122          F(5)=F(6)                                            MINT 320
000123          F(6)=F(7)                                            MINT 330
000125          F(7)=Y                                               MINT 340
000126          RETURN                                               MINT 350
000127          END                                                  MINT 360
```

5.4. Fehlerabschätzung und Meßzeit

5.4.1. Die erforderliche Schrittweite

In der Fehlerrechnung ist die Frage zu klären, wie sich die endliche Bandlänge und die rechenbedingte Schrittweite Δt auf den Fehler auswirken. Der Schrittweitenabstand beeinflußt dabei im wesentlichen die Höhe der erfaßbaren Frequenz, denn um die Amplitude und die Frequenz eines harmonischen Vorganges ermitteln zu können, muß man wenigstens zwei Funktionspunkte innerhalb einer Periode kennen. Diese Aussage ist auch der Inhalt des aus der Informationstheorie bekannten Shannen-Theorems. Übereinstimmend wird auch hier als größtzulässige Abtastzeit die aus der Grenzfrequenz resultierende halbe Periodendauer angegeben. Es gilt also, wenn man T^* als Reziprokwert der noch eben erfaßbaren Frequenz ansieht:

$$T^* = \frac{1}{f_{max}} > 2\Delta t. \tag{5.13}$$

Diese Zeit stellt natürlich die größte zulässige Schrittweite dar. Es ist klar, daß sich jede Verkleinerung der Schrittweite positiv auf den analysebedingten Fehler auswirken muß. Die Größe dieser Abweichung vom wahren Funktionsverlauf stellt Solodownikow [25] am Beispiel der Korrelationsfunktion in Abhängigkeit von der Schrittweite graphisch dar. Danach ergäbe sich bei Abwägung von Aufwand und Nutzen als größte vertretbare Abtastzeit:

$$\Delta t \approx \frac{1}{20 f_{max}}. \tag{5.14}$$

Giloi gibt schließlich, ausgehend vom Faltintegral, als maximal zulässige Abtastzeit die Schrittweite

$$\Delta t = \frac{3}{3 f_{max}} \tag{5.15}$$

an. In dieser Schätzung bleibt der vom numerischen Verfahren eingebrachte Fehler unberücksichtigt, denn die Schrittweite Δt leitet Giloi aus der Forderung ab, daß sich die gefalteten Spektren nicht überlappen. Um also die Abweichung mit Sicherheit klein zu halten, empfiehlt es sich, mit einer Schrittweite von

$$\Delta t = \frac{1}{20 f_{max}} \tag{5.16}$$

zu arbeiten.

5.4.2. Die Fensterfunktion und ihre Deutung

Wie bereits in Abschnitt 5.2. besprochen, lassen sich die Schätzwerte der Leistung nicht auf direktem Wege bestimmen, sondern nur digital auf dem Umweg über den Schätzwert der Korrelationsfunktion, aus der man dann durch Fouriertransformation das Spektrum erhält. Eine endliche Ensemblelänge wirkt sich demnach zuerst einmal auf das Ergebnis der Korrelationsfunktion aus. Ihr Verlauf wäre nämlich aus einem unendlich langen Ensemble zu ermitteln, wird jedoch aus einem gekappten Vorgang errechnet. Daß dann der gewonnene Funktionsverlauf vom tatsächlichen abweichen muß, bedarf keiner weiteren Erläuterungen. Hinzu kommt, daß sich bei endlicher Ensemblelänge die Korrelationsfunktion nicht im gesamten erforderlichen τ-Bereich ermitteln läßt, sondern nur innerhalb der Grenzen $[-\tau_{max}, \tau_{max}]$. Hierdurch entsteht ein weiterer Fehler bei der Fouriertransformation der Korrelationsfunktion, denn auch hier wäre über den gesamten τ-Bereich, also von $-\infty$ bis $+\infty$, zu integrieren.

Zur Schätzung des durch die Kappung entstehenden Fehlers bedarf es also einer eingehenden Betrachtung beider Fehlerquellen. Zunächst soll der transformationsbedingte Fehler näher untersucht werden. Die Auswirkung der endlichen Meßzeit auf die Korrelationsfunktion wird dann zusammen mit dem daraus resultierenden Gesamtfehler des Spektrums im darauf folgenden Abschnitt erörtert.

Es wurde bereits dargelegt, daß die Korrelationsfunktion auf Grund der endlichen Ensemblelänge - unendliche Längen lassen sich nicht realisieren - lediglich für ein endliches Intervall der Länge $[-\tau_{max}, +\tau_{max}]$ zu ermitteln ist. Zum gleichen Ergebnis käme man, wenn man bei hypothetisch angenommener Kenntnis des über $[-\tau_{max}, +\tau_{max}]$ hinausgehenden Verlaufes von R_{xxT} die Korrelationsfunktion mit der Funktion $g_o(\tau)$

$$g_o(\tau) \begin{cases} 1 \text{ für } |\tau| < \tau_{max} \\ \frac{1}{2} \text{ für } |\tau| = \tau_{max} \\ 0 \text{ für } |\tau| > \tau_{max} \end{cases} \tag{5.17}$$

kappen würde.

Man erhält dann:

$$R_{xxT}(\tau) = g_o(\tau) R_{xx}(\tau). \tag{5.18}$$

Zur Berechnung des Spektrumschätzwertes ist demzufolge

$$g_o(\tau) R_{xx}(\tau) \tag{5.19}$$

zu transformieren. Man erhält:

$$\Phi^{*}_{oxT}(\omega_1) = \mathfrak{F}(g_o(\tau) R_{xxT}(\tau))(\omega_1) = \mathfrak{F}(g_o(\tau)^{*} \mathfrak{F}(R_{xxT}(\tau))(\omega)$$

$$= \int_{-\infty}^{\infty} G_o(\omega_1 - \omega) \mathfrak{F}(R_{xxT}(\tau))(\omega)\, d\omega . \tag{5.20}$$

Daraus folgt für den Erwarungswert des Spektrumsschätzwertes:

$$E(\Phi^{*}_{oxT}(\omega_1)) = E\left[\int_{-\infty}^{\infty} G_o(\omega_1 - \omega) \mathfrak{F}(R_{xxT}(\tau))(\omega)\, d\omega\right]$$

$$= \int_{-\infty}^{\infty} G_o(\omega_1 - \omega) \mathfrak{F}(E(R_{xxT}(\tau)))(\omega)\, d\omega. \tag{5.21}$$

Nun ist aber:

$$E(R_{xxT}(\tau) = R_{xx}(\tau) \tag{5.22}$$

und damit

$$\mathfrak{F}(E(R_{xxT}(\tau)))(\omega) = \Phi^{*}_{x}(\omega). \tag{5.23}$$

Daraus folgt schließlich:

$$E(\Phi^{*}_{oxT}(\omega_1)) = \int_{-\infty}^{\infty} G_o(\omega_1 - \omega) \Phi^{*}_{x}(\omega)\, d\omega. \tag{5.24}$$

Der Erwartungswert ist danach als das mit $G_o(\omega_1 - \omega)$ gewichtete Mittel der Leistungsdichte $\Phi^{*}_{x}(\omega)$ zu interpretieren. Das Integral über die transformierte Fensterfunktion ist nun im allgemeinen nicht gleich 1. Die vorstehende Beziehung würde also einem konstanten Spektrum einen höheren Erwartungswert zuordnen, als ihm tatsächlich zukommt. Aus diesem Grunde ist es notwendig, den Erwartungswert Φ^{*}_{oxT} durch das Integral über die transformierte Fensterfunktion zu dividieren. Aber selbst dann kann wegen der in der Umgebung von ω_1 auftretenden Nebenmaxima bereits bei kleinen Änderungen des wahren Spektrums der ermittelte Schätzwert stark von der wahren Leistungsdichte an der Stelle ω_1 abweichen. Der anzustrebende Verlauf wäre natürlich die Delta-Funktion, denn:

$$\int_{-\infty}^{\infty} \delta(\omega_1 - \omega) \mathfrak{F}\left\{R_{xx}(\tau)\right\}(\omega)\, d\omega = \Phi_x(\omega). \tag{5.25}$$

Die Delta-Funktion ergibt sich nur aus der Transformation einer Konstanten, d. h. einer Fensterfunktion, die sich über das gesamte Intervall $[-\infty, +\infty]$ erstreckt. Das gerade ist aber nicht zu erreichen. Bei allen endlichen Intervallen entstehenen hingegen die erwähnten Nebenmaxima. Der gewünschte Verlauf von $G(\omega)$ läßt sich also nicht aus der Meßdauer verifizieren. Damit bleibt nur übrig, das natürliche Fenster durch eine Fensterfunktion zu ersetzen, die in der Bildebene ein absolutes Maximum besitzt, während alle Nebenmaxima vernachlässigbar klein sein müssen. Außerdem muß $g_\nu(\tau)$ noch folgende Eigenschaft besitzen:

$$g_\nu(\tau) = \begin{cases} 1 \text{ für } |\tau| = 0 & \text{und } g_\nu(\tau) > 0 \quad \tau \\ 0 \text{ für } |\tau| > \tau_{max} & g_\nu(\tau) = g_\nu(-\tau). \end{cases} \tag{5.26}$$

Eine Fensterfunktion, die diesen Anforderungen völlig genügt, ist, wie Giloi, Turkey und Blockman zeigen, die Funktion

$$g_3(\tau) = \begin{cases} 0{,}54 + 0{,}46 \cos \frac{\pi\tau}{\tau_{max}} & \text{für } |\tau| < \tau_{max} \\ 0 & \text{für } |\tau| > \tau_{max} \end{cases} \tag{5.27}$$

mit der Fouriertransformation

$$G_3(\omega) = 1{,}08 \frac{\sin\omega\tau_{max}}{\omega} + \left[\frac{\sin(\omega + \omega')\tau_{max}}{\omega + \omega'} + \frac{\sin(\omega - \omega')\tau_{max}}{\omega - \omega'}\right] \tag{5.28}$$

wobei

$$\omega' = \frac{\pi}{\tau_{max}}$$

ist.

Abb. 48 gibt vorstehende Fensterfunktion im Zeit- und Frequenzbereich wieder. Diese Funktion wird den weiteren Rechnungen zugrunde gelegt. Für den Schätzwert der spektralen Dichte ergibt sich dann wegen

$$\int_{-\infty}^{\infty} G_3(\omega)\, d\omega = 2\pi :$$

$$E(\Phi_{3xT}(\omega)) = \frac{1}{2\pi} \int_{-\infty}^{\infty} G_3(\omega_1 - \omega)\Phi_x(\omega)\, d\omega. \tag{5.29}$$

5.4.3. Berechnung der Standardabweichung der Analysepunkte

Die noch verbleibende und zur Abschätzung der Ensemblelänge durchzuführende Berechnung der Varianz der Meßwerte soll im folgenden durchgeführt werden. Zunächst wird man versucht sein, die Varianz der Meßwerte direkt nach der Beziehung

$$\mathrm{Var}\left\{\Phi_{\nu\,xT}\right\} = \frac{1}{n-1} \sum_{i=1}^{n} \Phi_{\nu\,xTi} \tag{5.30}$$

zu ermitteln. Hierbei stößt man allerdings auf die Schwierigkeit, die Analyseergebnisse noch gar nicht zu kennen. Nun kann man aber, gestützt auf die Eigenschaften der Transformationsgleichung sowie der Fensterfunktion und der angenommenen Korrelationsfunktion, die Kovarianz der Meßwerte ermitteln. Kennt man diese, so läßt sich auch die Standardabweichung der Spektrumsschätzwerte berechnen.

Die Ausgangsbasis ist dabei die Beziehung für die Kovarianz, wie sie im theoretischen Teil dieser Arbeit gebracht wurde. Danach ergibt sich:

$$\mathrm{Cov}\left\{\Phi_{\nu\,xT}(\omega_1)\Phi_{\nu\,xT}(\omega_2)\right\} = E\left\{\Phi_{\nu\,xT}(\omega_1)\Phi_{\nu\,xT}(\omega_2)\right\} - E\left\{\Phi_{\nu\,xT}(\omega_1)\ E\ \Phi_{\nu\,xT}(\omega_2)\right\}. \tag{5.31}$$

Nun ist

$$\Phi_{\nu\,xT}(\omega) = \frac{1}{c_\nu} \int_{-\infty}^{\infty} g_\nu(\tau) R_{xxT}(\tau) \cos\omega\tau\, d\tau . \tag{5.32}$$

Daraus folgt:

$$\Phi_{\nu\,xT}(\omega_1)\Phi_{\nu\,xT}(\omega_2) = \frac{1}{c_\nu 2} \int_{-\infty}^{\infty}\int_{-\infty}^{\infty} g_\nu(\tau) g_\nu(\tau') R_{xxT}(\tau') \cdot \cos\omega_1\tau \cos\omega_2\tau'\, d\tau\, d\tau' . \tag{5.33}$$

Rechnet man mit dieser Beziehung weiter, so erhält man:

$$\mathrm{Cov}\left\{\Phi_{\nu\,xT}(\omega_1)\Phi_{\nu\,xT}(\omega_2)\right\}$$

$$= \mathrm{Cov}\left\{\frac{1}{c_\nu^2} \int_{-\infty}^{\infty}\int_{-\infty}^{\infty} g_\nu(\tau) g_\nu(\tau') R_{xxT}(\tau') \cos\omega_1\tau \cos\omega_2\tau'\, d\tau\, d\tau'\right\}. \tag{5.34}$$

Wenn man wieder die Mittelung vorzieht, ergibt sich weiter:

$$\mathrm{Cov}\left\{\Phi_{\nu xT}(\omega_1)\Phi_{\nu xT}(\omega_2)\right\}$$

$$= \frac{1}{c_\nu^2}\int_{-\infty}^{\infty}\int_{-\infty}^{\infty} g_\nu(\tau)g_\nu(\tau')\cos\omega_1 \;\cos\omega_2\tau' \;\mathrm{Cov}\left\{R_{xxT}(\tau)R_{xxT}(\tau')\right\}d\tau\, d\tau'. \tag{5.35}$$

Nun ist:

$$\mathrm{Cov}\left\{R_{xxT}(\tau)R_{xxT}(\tau')\right\} = E\left\{R_{xxT}(\tau)R_{xxT}(\tau')\right\} - E\left\{R_{xxT}(\tau)\right\}E\left\{R_{xxT}(\tau')\right\}. \tag{5.36}$$

Zudem gilt:

$$E\left\{R_{xxT}(\tau)\right\} = R_{xx}(\tau). \tag{5.37}$$

Daraus folgt für die Kovarianz von R_{xxT}:

$$\mathrm{Cov}\left\{R_{xxT}(\tau)R_{xxT}(\tau')\right\} = E\left\{R_{xxT}(\tau)R_{xxT}(\tau')\right\} - \left\{R_{xx}(\tau)R_{xx}(\tau')\right\} \tag{5.38}$$

und entsprechend für die Kovarianz der Spektrumschätzwerte:

$$\mathrm{Cov}\left\{\Phi_{\nu xT}(\omega_1)\Phi_{\nu xT}(\omega_2)\right\}$$

$$= \frac{1}{c_\nu^2}\int_{-\infty}^{\infty}\int_{-\infty}^{\infty} g_\nu(\tau)g_\nu(\tau')\cos\omega_1\tau \cos\omega_2\tau'[E\left\{R_{xxT}(\tau)R_{xxT}(\tau')\right\}$$

$$- R_{xx}(\tau)R_{xx}(\tau')]\; d\tau\, d\tau'. \tag{5.39}$$

Im folgenden ist also zunächst die Kovarianz von R_{xxT} zu ermitteln. Sie ergibt sich aus der Definitionsgleichung der Meßgröße

$$R_{xxT}(\tau) = \frac{1}{1-|\tau|}\int_{-1/2(T_n-|\tau|)}^{1/2(T_n-|\tau|)} x(t-\tfrac{\tau}{2})x(t+\tfrac{\tau}{2})\; dt \tag{5.40}$$

und dem Ansatz

$$R_{xxT}(\tau)R_{xx}(\tau')$$

$$= \frac{1}{1-|\tau|}\;\frac{1}{1-|\tau'|}\int_{-1/2(T_n-|\tau|)}^{1/2(T_n-|\tau|)}\;\int_{-1/2(T_n-|\tau'|)}^{1/2(T_n-|\tau'|)} x(t_1-\tfrac{\tau}{2})x(t_1+\tfrac{\tau}{2})x(t_2-\tfrac{\tau'}{2})$$

$$\cdot x(t_2+\frac{\tau'}{2}\; dt_1dt_2. \tag{5.41}$$

Für die Berechnung ist es nun äußerst ungünstig, über die variablen Intervalle $[-1/2(T_n - \tau), +1/2(T_n - \tau)]$ zu mitteln. Die Einführung eines festen Integrationsintervalles führt aber andererseits zu einem Fehler, der jedoch klein bleibt (vgl. [11]), wenn man das Intervall zu

$$T_{äq} = T_n - \alpha_\nu \tau_{max} \tag{5.42}$$

wählt.

$\alpha_\nu \tau_{max}$ ist darin das über die Fensterfunktion gewichtete Zeitmittel:

$$\alpha_\nu \tau_{max} = \frac{\int_0^{\tau_{max}} \tau \, g_\nu(\tau) \, d\tau}{\int_0^{\tau_{max}} g_\nu(\tau) \, d\tau} \tag{5.43}$$

Man erhält also:

$$R_{xxT}(\tau) R_{xxT}(\tau')$$

$$= \frac{1}{T_{äq}^2} \int\int_{-1/2T_{äq}}^{1/2T_{äq}} x(t_1-\frac{\tau}{2}) x(t_1+\frac{\tau}{2}) x(t_2-\frac{\tau'}{2}) x(t_2+\frac{\tau'}{2}) \, dt_1 dt_2 . \tag{5.44}$$

Daraus folgt weiter:

$$\mathrm{Cov}\left\{R_{xxT}(\tau) R_{xxT}(\tau')\right\}$$

$$= \mathrm{Cov}\left\{\frac{1}{T_{äq}} \int\int_{-1/2T_{äq}}^{1/2T_{äq}} x(t_1-\frac{\tau}{2}) x t_1+\frac{\tau}{2}) x(t_2-\frac{\tau'}{2}) x(t_2+\frac{\tau'}{2}) \, dt_1 dt_2\right\} . \tag{5.45}$$

Nun ist aber:

$$\mathrm{Cov}(X_1 X_2) = E(X_1 X_2) - E(X_1)E(X_2) . \tag{5.46}$$

Nutzt man diese Beziehung aus, so ergibt sich, wenn man zudem die Mittelung wieder vorzieht:

$$\mathrm{Cov}\left\{R_{xxT}(\tau) R_{xxT}(\tau')\right\}$$

$$= \frac{1}{(T_{äq})^2} \int\int_{-1/2T_{äq}}^{1/2T_{äq}} [E\left\{x(t_1-\frac{\tau}{2}) x(t_1+\frac{\tau}{2}) x(t_2-\frac{\tau'}{2}) x(t_2+\frac{\tau'}{2})\right\}$$

$$- E\left\{x(t_1-\tfrac{\tau}{2})x(t_1+\tfrac{\tau}{2})\right\} E\left\{x(t_2-\tfrac{\tau'}{2})x(t_2+\tfrac{\tau'}{2})\right\}]\, dt_1 dt_2. \qquad (5.47)$$

Bau gaußverteilten Prozessen ist außerdem wie man leicht aus der zugehörigen Verteilungsdichte ableiten kann:

$$E\left\{x(t_1-\tfrac{\tau}{2})x(t_1+\tfrac{\tau}{2})x(t_2-\tfrac{\tau'}{2})x(t_2+\tfrac{\tau'}{2})\right\}$$

$$= E\left\{x(t_1-\tfrac{\tau}{2})x(t_1+\tfrac{\tau}{2})\right\}E\left\{x(t_2-\tfrac{\tau'}{2})x(t_2+\tfrac{\tau'}{2})\right\} + E\left\{x(t_1-\tfrac{\tau}{2})x(t_2-\tfrac{\tau'}{2})\right\}$$

$$E\left\{x(t_1+\tfrac{\tau}{2})x(t_2+\tfrac{\tau'}{2})\right\} + E\left\{x(t_1-\tfrac{\tau}{2})x(t_2+\tfrac{\tau'}{2})\right\}E\left\{x(t_1+\tfrac{\tau}{2})x(t_2-\tfrac{\tau'}{2})\right\}, \qquad (5.48)$$

so daß schließlich gilt:

$$\mathrm{Cov}\left\{R_{xxT}(\tau)R_{xxT}(\tau')\right\}$$

$$= \frac{1}{(T_{äq})^2} \int\!\!\int_{-1/2T_{äq}}^{1/2T_{äq}} E\left\{x(t_1-\tfrac{\tau}{2})x(t_2-\tfrac{\tau'}{2})\right\}E\left\{x(t_1+\tfrac{\tau}{2})x(t_2+\tfrac{\tau'}{2})\right\}$$

$$+ E\left\{x(t_1-\tfrac{\tau}{2})x(t_2+\tfrac{\tau'}{2})\right\}E\left\{x(t_1+\tfrac{\tau}{2})x(t_2-\tfrac{\tau'}{2})\right\} dt_1 dt_2. \qquad (5.49)$$

Nun ist definitionsgemäß:

$$E\left\{x(t_1 - \tfrac{\tau}{2})x(t_2 + \tfrac{\tau'}{2})\right\} = R_{xx}((t_2 - t_1) + \tfrac{1}{2}(\tau' + \tau))$$

$$E\left\{x(t_1 + \tfrac{\tau}{2})x(t_2 + \tfrac{\tau'}{2})\right\} = R_{xx}((t_2 - t_1) + \tfrac{1}{2}(\tau' - \tau))$$

$$E\left\{x(t_1 - \tfrac{\tau}{2})x(t_2 - \tfrac{\tau'}{2})\right\} = R_{xx}((t_2 - t_1) - \tfrac{1}{2}(\tau' - \tau))$$

$$E\left\{x(t_1 + \tfrac{\tau}{2})x(t_2 - \tfrac{\tau'}{2})\right\} = R_{xx}((t_2 - t_1) - \tfrac{1}{2}(\tau' + \tau)). \qquad (5.50)$$

In Formel (5.49) eingeführt, erhält man:

$$\mathrm{Cov}\left\{R_{xxT}(\tau)R_{xxT}(\tau')\right\}$$

$$= \frac{1}{(T_{äq})^2} \int\!\!\int_{-T_{äq}/2}^{T_{äq}/2} R_{xx}((t_2-t_1) - \tfrac{1}{2}(\tau'-\tau))R_{xx}((t_2-t_1) + \tfrac{1}{2}(\tau'-\tau))$$

$$+ R_{xx}((t_2-t_1) + \tfrac{1}{2}(\tau'-\tau))R_{xx}((t_2-t_1) - \tfrac{1}{2}(\tau'-\tau))\, dt_1 dt_2. \qquad (5.51)$$

Zur Lösung dieses Integrals führt man zweckmäßigerweise noch die Substitution

$$t_2^* = t_2 - t_1$$

$$t_1^* = t_1 \qquad (5.52)$$

ein.

Sie führt (5.51) auf das Integral

$$\mathrm{Cov}\left\{R_{xxT}(\tau)\,R_{xxT}(\tau')\right\}$$

$$= \frac{1}{T_{äq}} \int_{o}^{-T_{äq}} \Big[\int_{-[T_{äq}/2 + t_2^*]}^{T_{äq}/2} \Big\{ R_{xx}(t_2^* - \tfrac{1}{2}(\tau' - \tau))\,R_{xx}(t_2^* + \tfrac{1}{2}(\tau' - \tau))$$

$$+ R_{xx}(t_2^* + \tfrac{1}{2}(\ \ ' + \ \ ))\,R_{xx}(t_2^* - \tfrac{1}{2}(\ \ ' - \ \ ))\Big\}\, dt_2^*\Big]\, dt_1^*$$

$$+ \frac{1}{T_{äq}} \int_{o}^{T_{äq}} \Big[\int_{-1/2T_{äq}}^{T_{äq}/2 - t_2^*} \Big\{ R_{xx}(t_2^* - \tfrac{1}{2}(\tau' - \tau))\,R_{xx}(t_2^* + \tfrac{1}{2}(\tau' - \tau))$$

$$+ R_{xx}(t_2^* + \tfrac{1}{2}(\tau' - \tau))\,R_{xx}(t_2^* - \tfrac{1}{2}(\tau' - \tau))\Big\}\, dt_2^*\Big]\, dt_1^* \qquad (5.53)$$

in den Grenzen nach Abb. 49. Dabei erweist sich als vorteilhaft, daß auf Grund der Substitution in den Korrelationsfunktionen nur noch eine Integrationsvariable verbleibt, nämlich t_2^*. Der t_1^*-abhängige Integrand ist mit anderen Worten gleich der Konstanten 1, so daß man das Integral über t_1^* analytisch finden kann. Das Gebietsintegral reduziert sich dadurch auf das nachstehende Integral in t_2^*:

$$\mathrm{Cov}\left\{R_{xxT}(\tau)\,R_{xxT}(\tau')\right\}$$

$$= \frac{1}{T_{äq}} \int_{-T_{äq}}^{o} (T_{äq} - |t_2^*|)\Big[R_{xx}(t_2^* - \tfrac{1}{2}(\tau' - \tau))\,R_{xx}(t_2^* + \tfrac{1}{2}(\tau' - \tau))$$

$$+ R_{xx}(t_2^* + \tfrac{1}{2}(\tau' + \tau))\,R_{xx}(t_2^* - \tfrac{1}{2}(\tau' + \tau))\Big]\, dt_2^*$$

$$+ \frac{1}{T_{äq}} \int_{0}^{T_{äq}} (T_{äq} - |t_2^*|)[R_{xx}(t_2^* - \tfrac{1}{2}(\tau' - \tau))R_{xx}(t_2^* + \tfrac{1}{2}(\tau' - \tau))$$

$$+ R_{xx}(t_2^* + \tfrac{1}{2}(\tau' + \tau))R_{xx}(t_2^* - \tfrac{1}{2}(\tau' + \tau))]\, dt_2^*. \qquad (5.54)$$

Faßt man beide Terme zusammen, so erhält man schließlich aus (5.54):

$$\mathrm{Cov}\left\{R_{xxT}(\tau)R_{xx}(\tau')\right\}$$

$$= \frac{1}{T_{äq}} \int_{-T_{äq}}^{T_{äq}} (T_{äq} - |t_2^*|)[R_{xx}(t_2^* - \tfrac{1}{2}(\tau' - \tau))R_{xx}(t_2^* + \tfrac{1}{2}(\tau' - \tau))$$

$$+ R_{xx}(t_2^* + \tfrac{1}{2}(\tau' + \tau))R_{xx}(t_2^* - \tfrac{1}{2}(\tau' + \tau))]\, dt_2^*. \qquad (5.55)$$

Das Ziel dieser Rechnung war, einen Ausdruck für die Kovarianz des Spektrums in Abhängigkeit von der Fensterfunktion und den gemessenen Spektrumswerten zu finden. Dieser Zusammenhang läßt sich aus der vorliegenden Beziehung noch nicht gewinnen, sondern nur der Zusammenhang zwischen der Kovarianz des Spektrums und der den Spektren zugeordneten Korrelationsfunktionen. Man kann jedoch die Korrelationsfunktionen durch die zugehörigen Spektren ausdrücken. Auf diese Weise ergibt sich aus (5.55)

$$\mathrm{Cov}\left\{R_{xxT}(\tau)R_{xxT}(\tau')\right\}$$

$$= \frac{1}{T_{äq}} \int_{-T_{äq}}^{T_{äq}} \left(1 - \frac{|t_2^*|}{T_{äq}}\right)\left\{ \int_{-\infty}^{\infty}\int_{-\infty}^{\infty} e^{i\omega_1(t_2^* - \frac{1}{2}(\tau' - \tau))}\Phi_x(\omega_1)e^{i\omega_2(t_2^* + \frac{1}{2}(\tau' - \tau))}\right.$$

$$\left.\Phi_x(\omega_2) + e^{i\omega_1(t_2 + \frac{1}{2}(\tau' + \tau))}\Phi_x(\omega_1)e^{i\omega_2(t_2 - \frac{1}{2}(\tau' + \tau))}\Phi_x(\omega_2)\right\} d\omega_1 d\omega_2$$

$$(5.56)$$

und daraus nach Zusammenfassen der Exponentialfunktionen

$$\mathrm{Cov}\left\{R_{xxT}(\tau)R_{xxT}(\tau')\right\} = \frac{1}{T_{äq}} \int_{-T_{äq}}^{T_{äq}} \left(1 - \frac{|t_2^*|}{T_{äq}}\right) \int_{-\infty}^{\infty}\int_{-\infty}^{\infty} e^{i(\omega_1 + \omega_2)t_2^*}$$

$$[e^{\frac{i}{2}(\omega_1 - \omega_2)(\tau - \tau')} + e^{\frac{i}{2}(\omega_1 - \omega_2)(\tau + \tau')}]\,\Phi_x(\omega_1)\ \ _x(\omega_2)\ d\omega_1 d\omega_2\, dt_2^*$$

$$(5.57)$$

Für die weitere Auswertung ist es vorteilhaft, ω_1 und ω_2 durch

$$\omega_1 = \omega_m + \omega$$
$$\omega_2 = \omega_m - \omega \tag{5.58}$$

zu ersetzen, weil sich das dadurch entstehende Produkt der Spektraldichten $\Phi_x(\omega_m + \omega)\Phi_x(\omega_m - \omega)$ bei einer Näherungslösung leichter abschätzen läßt. Aus dem von ω_1, ω_2 abhängigen Integral (5.57) wird dann unter Berücksichtigung der Grenzen und der Funktionaldeterminante:

$$\mathrm{Cov}\left\{R_{xxT}(\tau)R_{xxT}(\tau')\right\}$$
$$= \frac{2}{T_{äq}} \int_{-T_{äq}}^{T_{äq}} \left(1 - \frac{|t_2^*|}{T_{äq}}\right) \int_{-\infty}^{\infty}\int_{-\infty}^{\infty} [\,e^{i\omega(\tau-\tau')} + e^{i\omega(\tau+\tau')}]\,e^{i2\omega_m t_2^*}$$
$$\cdot\Phi_x(\omega_m + \omega)\Phi_x(\omega_m - \omega)\; d\omega_m d\omega dt_2^*. \tag{5.59}$$

Nun ist $\Phi(\omega_m + \omega)\Phi(\omega_m - \omega)$ bezüglich ω_m und ω gerade. Deshalb gilt auch:

$$\mathrm{Cov}\left\{R_{xxT}(\tau)R_{xxT}(\tau')\right\}$$
$$= \frac{2}{T_{äq}} \int_{-T_{äq}}^{T_{äq}} \left(1 - \frac{|t_2^*|}{T_{äq}}\right) \int_{-\infty}^{\infty}\int_{-\infty}^{\infty} [\,\cos\omega(\tau-\tau') + \cos\omega(\tau+\tau')]\cos 2\omega_m t_2^*$$
$$\cdot\Phi_x(\omega_m + \omega)\Phi_x(\omega_m - \omega)\; d\omega_m d\omega dt_2^*. \tag{5.60}$$

Der nächste Rechenschritt ergibt sich aus den Eigenschaften dieses Integrales. Einmal hat der t_2^*-abhängige Integrand die einfache Form

$$\left(1 - \frac{t_2^*}{T_{äq}}\right)\cos 2\omega_m t_2^*, \tag{5.61}$$

zum anderen hängt keine der Integrationsgrenzen von einer Variablen ab. Deshalb kann die Integration über t_2^* vorweggenommen werden. Zu berechnen ist dabei:

$$\int_{-T_{äq}}^{T_{äq}} \left(1 - \frac{|t_2^*|}{T_{äq}}\right)\cos 2\omega_m t_2^*\; dt_2^*. \tag{5.62}$$

Dieses Integral hat die Lösung:

$$\int_{-T_{äq}}^{T_{äq}} \left(1 - \frac{|t_2^\star|}{T_{äq}}\right) \cos 2\omega_m t_2^\star \, dt_2^\star = T_{äq} \left(\frac{\sin\omega_m T_{äq}}{\omega_m T_{äq}}\right). \tag{5.63}$$

Weiterhin ist:

$$\cos\omega(\tau - \tau') + \cos\omega(\tau + \tau') = 2\cos\omega\tau \cos\omega\tau'. \tag{5.64}$$

In (5.60) eingesetzt, erhält man:

$$\mathrm{Cov}\left\{R_{xxT}(\tau) R_{xxT}(\tau')\right\}$$

$$= 4 \int_{-\infty}^{\infty} \int_{-\infty}^{\infty} \cos\omega\tau \cos\omega\tau' \Phi_x(\omega_m + \omega) \Phi_x(\omega_m - \omega) \left(\frac{\sin\omega_m T_{äq}}{\omega_m T_{äq}}\right)^2 d \; {}_m d \; . \tag{5.65}$$

Setzt man jetzt noch in (5.65)

$$4 \int_{-\infty}^{\infty} \Phi_x(\omega_m + \omega) \Phi_x(\omega_m - \omega) \left(\frac{\sin\omega_m T_{äq}}{\omega_m T_{äq}}\right)^2 d\omega_m = \Gamma(\omega), \tag{5.66}$$

so erhält man

$$\mathrm{Cov}\left\{R_{xxT}(\tau) R_{xxT}(\tau')\right\} = \int_{-\infty}^{\infty} \Gamma(\omega) \cos\omega\tau \cos\omega\tau' \, d\omega \tag{5.67}$$

und daraus schließlich nach Einsetzen obiger Beziehung in die Definitionsgleichung den gesuchten Ausdruck für die Kovarianz der Spektrumswerte:

$$\mathrm{Cov}\left\{\Phi_{\nu xT}(\omega_1) \Phi_{\nu xT}(\omega_2)\right\}$$

$$= \frac{1}{c_\nu^2} \int_{-\infty}^{\infty} \int_{-\infty}^{\infty} \int_{-\infty}^{\infty} g_\nu(\tau) g_\nu(\tau') \cos\omega_1\tau \cos\omega_2\tau' \cos\omega\tau \cos\omega\tau' \Gamma(\omega) \, d\omega d\tau d\tau'. \tag{5.68}$$

Die weitere Rechnung vereinfacht sich wesentlich, wenn man in (5.68) für $\cos\omega_1\tau \cos\omega\tau$ das Additionstheorem $\frac{1}{2}\cos(\omega - \omega_1)\tau + \frac{1}{2}\cos(\omega + \omega_1)\tau$ einführt. Man erhält auf diese Weise:

$$\mathrm{Cov}\left\{\Phi_{\nu xT}(\omega_1) \Phi_{\nu xT}(\omega_2)\right\}$$

$$= \frac{1}{c_\nu^2 4} \int_{-\infty}^{\infty} \int_{-\infty}^{\infty} \int_{-\infty}^{\infty} g_\nu(\tau) g_\nu(\tau') [\cos(\omega - \omega_1)\tau + \cos(\omega + \omega_1)\tau]$$

$$[\cos(\omega - \omega_2)\tau' + \cos(\omega + \omega_2)\tau'] \Gamma(\omega) \, d\omega d\tau d\tau'. \tag{5.69}$$

Die Integrale über τ und τ' lassen sich unabhängig voneinander berechnen. Für (5.69) kann man also auch schreiben:

$$\mathrm{Cov}\left\{\Phi_{\nu\,xT}(\omega_1)\Phi_{\nu\,xT}(\omega_2)\right\}$$

$$= \frac{1}{4c_\nu^2}\int_{-\infty}^{\infty}\Big\{\Big[\int_{-\infty}^{\infty} g_\nu(\tau)\cos(\omega-\omega_1)\tau\, d\tau + \int_{-\infty}^{\infty} g_\nu(\tau)\cos(\omega+\omega_1)\tau\, d\tau\Big]$$

$$\Big[\int_{-\infty}^{\infty} g_\nu(\tau')\cos(\omega-\omega_2)\tau'\, d\tau' + \int_{-\infty}^{\infty} g_\nu(\tau')\cos(\omega+\omega_2)\tau'\, d\tau'\Big]\Big\}\,\Gamma(\omega)\,d\omega \qquad (5.70)$$

Die vier inneren Integrale von (5.70) sind nichts anderes als die Fouriertransformierten von $g_\nu(\tau)$. Bezeichnet man letztere mit $G_\nu(\omega)$, so ergibt sich weiter:

$$\mathrm{Cov}\left\{\Phi_{\nu\,xT}(\omega_1)\Phi_{\nu\,xT}(\omega_2)\right\}$$

$$= \frac{1}{4c_\nu^2}\int_{-\infty}^{\infty}[G_\nu(\omega-\omega_1) + G_\nu(\omega+\omega_1)][G_\nu(\omega-\omega_2) + G_\nu(\omega+\omega_2)]\,\Gamma(\omega)\,d\omega \qquad (5.71)$$

Setzt man jetzt noch die beiden Frequenzen ω_1 und ω_2 gleich, so erhält man aus (5.71) die Varianz der Spektrumswerte:

$$\mathrm{Var}\left\{\Phi_{\nu\,xT}(\omega')\right\} = \frac{1}{4c_\nu^2}\int_{-\infty}^{\infty}[G_\nu(\omega-\omega') + G_\nu(\omega+\omega')]^2\,\Gamma(\omega)\,d\omega. \qquad (5.72)$$

Die weitere exakte Behandlung von (5.72) ist nur möglich, wenn man den Funktionsverlauf von $\Gamma(\omega)$ kennt. Diese Beziehung läßt sich aber nur ermitteln, wenn das Spektrum bekannt ist. Das wiederum setzt die Berechnung der notwendigen Ensemblelänge voraus, die sich allein nach obiger Formel bestimmen läßt. So scheint man vor einer unlösbaren Aufgabe zu stehen. Mit einigen vereinfachenden Annahmen kann man jedoch zu einer sehr guten Näherungslösung des Problems kommen. In der Funktion $\Gamma(\omega)$ ist nämlich der Integrand $(\sin\omega T_{äq}/\omega T_{äq})^2$ für $\omega > 2\pi/T_{äq}$ vernachlässigbar klein. Außerdem ist die Spektrumsfunktion immer beschränkt, und, abgesehen vom weißen Rauschen, oberhalb einer bestimmten Frequenz gleich Null. Der Integralwert ergibt sich also im wesentlichen aus der Integration innerhalb der Grenzen $[-2\pi/T_{äq}, +2\pi/T_{äq}]$. Ist das Spektrum in diesen Grenzen annähernd konstant, - mit zunehmender Auflösung läßt sich das immer erreichen -, so kann man in (5.66) für

$$\Phi_x(\omega_m+\omega)\Phi_x(\omega_m-\omega) \approx \Phi_x(\omega_m)\Phi_x(\omega_m) = \Phi_x^2(\omega_m)$$

$$\approx \Phi_x^2(\omega) = \text{const.} \qquad (5.73)$$

setzen, ohne dabei den Integralwert von (5.66) wesentlich zu verändern. (5.66) geht damit über in:

$$\Gamma(\omega) = \Phi_x^2(\omega)\,4 \int_{-\infty}^{\infty} \left(\frac{\sin\omega_m T_{äq}}{\omega_m T_{äq}}\right)^2 d\omega. \tag{5.74}$$

Dieses Integral hat, wie in [6] S. 352 gezeigt, die Lösung $1/2T_{äq}$, so daß also gilt:

$$\Gamma(\omega) = \frac{2}{T_{äq}}\Phi_x^2(\omega). \tag{5.75}$$

Setzt man (5.75) in (5.72) ein, so erhält man schließlich:

$$\mathrm{Var}\left\{\Phi_{\nu\,xT}(\omega')\right\} = \frac{1}{2T_{äq}c_\nu^2} \int_{-\infty}^{\infty} [\,G_\nu(\omega-\omega') + G_\nu(\omega+\omega')]^2 \Phi_x^2(\omega)\, d\omega$$

$$= \frac{1}{2T_{äq}c_\nu^2} \int_{-\infty}^{\infty} [\,G_\nu^2(\omega-\omega') + 2G_\nu(\omega-\omega' G_\nu(\omega+\omega')$$

$$+ G_\nu^2(\omega+\ ')]\,\Phi_x^2(\omega)\, d\omega. \tag{5.76}$$

Dieses Integral läßt sich noch weiter vereinfachen, sofern $\omega' \rangle\ 1/\tau_{max}$ ist. $G_\nu(\omega - \omega')$ ist dann im Bereich, in dem G_ν $(\omega + \omega')$ wesentlich von Null verschieden ist, vernachlässigbar klein. Das Produkt $G_\nu(\omega - \omega')G_\nu(\omega + \omega')$ bleibt somit für alle ω sehr klein, so daß auch das entsprechende Integral vernachlässigt werden kann. Schließlich ist $\Phi_{xT}^2(\omega)$ eine gerade Funktion und damit $\Phi_{xT}^2(\omega) = \Phi_{xT}^2(-\omega)$. Daraus folgt, wie man mittels der Substitution $-\omega' = \omega^*$ verifizieren kann:

$$\int_{-\infty}^{\infty} G_\nu^2(\omega - \omega')\Phi_x^2(\omega)\, d\omega = \int_{-\infty}^{\infty} G_\nu(\omega + \omega')\Phi_x^2(\omega)\, d\omega. \tag{5.77}$$

Unter diesen Voraussetzungen folgt aus (5.76):

$$\mathrm{Var}\left\{\Phi_{\nu\,xT}(\omega')\right\} = \frac{1}{T_{äq}c_\nu^2} \int_{-\infty}^{\infty} G_\nu^2(\omega + \omega')\Phi_x^2(\omega)\, d\omega. \tag{5.78}$$

Ist andererseits $\omega' = 0$, so überdecken sich die beiden Fensterfunktionen $G_\nu(\omega + \omega')$ und $G_\nu(\omega - \omega')$. Aus (5.76) folgt dann:

$$\mathrm{Var}\left\{\Phi_{\nu\,xT}(\omega' = 0)\right\} = \frac{1}{T_{äq}c_\nu^2} \int_{-\infty}^{\infty} G_\nu^2(\omega)\Phi_x^2(\omega)\, d\omega. \tag{5.79}$$

Zwischenwerte von ω kommen nicht in Frage, da die Analyse nur in Schritten von $\Delta\omega = 2\pi/\tau_{max}$ erfolgt. Nimmt man noch an, daß sich $\Phi_{xT}(\omega)$ im Bereich der Fensterfunktion nicht ändert, so erhält man bei gleicher Voraussetzung:

$$\text{für } \omega > 0\text{: } \operatorname{Var}\left\{\Phi_{\nu\,xT}(\omega')\right\} = \frac{\Phi_x^2(\omega')}{T_{äq} c_\nu^2} \int_{-\infty}^{\infty} G_\nu^2(\omega)\, d\omega, \tag{5.80}$$

$$\text{für } \omega = 0\text{: } \operatorname{Var}\left\{\Phi_{\nu\,xT}(0)\right\} = \frac{2\Phi_x^2(0)}{T_{äq} c_\nu^2} \int_{-\infty}^{\infty} G_\nu^2(\omega)\, d\omega. \tag{5.81}$$

Die beiden Gleichungen bilden die Grundlage für die folgende Abschätzung der erforderlichen Rechenzeit. c_ν^2 ist darin:

$$c_\nu^2 = \left[\int_{-\infty}^{\infty} G_\nu(\omega)\, d\omega\right]^2. \tag{5.82}$$

5.4.4. Die Schätzformel

Auf der bisher erarbeiteten Basis läßt sich nun schnell die Beziehung zur Schätzung der erforderlichen Meßzeit finden. Nach Tschebyscheff gilt, wie bereits in Abschnitt 5.2. gezeigt:

$$W(|X - E(X)| > \epsilon) < \frac{\sigma^2}{\epsilon^2}. \tag{5.83}$$

Wäre der Erwartungswert des Spektrumsschätzwertes bekannt, so könnte man aus der dann ebenfalls bekannten Varianz, abhängig vom absoluten Fehler $|\Phi_{\nu\,xT}(\omega) - \Phi_{\nu\,x}(\omega)|$ die Wahrscheinlichkeit bestimmen, mit der dieser Fehler zu erwarten ist. Nun ist aber der Erwartungswert der Spektrumsschätzwerte nicht bekannt, da ja die Schätzformel gerade die Voraussetzung für die Aufnahme des zu analysierenden Signales liefert. Wenn man hingegen in die Tschebyscheff'sche Ungleichung (5.82) als Zufallsvariable den Quotienten aus Spektrumsschätzwert und Erwartungswert einsetzt, so ist der Erwartungswert dieser Zufallsvariablen gleich 1 und die Varianz derselben wegen $\operatorname{Var}\left\{\Phi_{\nu\,xT}(\omega)/\Phi_x(\omega))\right\} = (1/\Phi_x^2(\omega))\operatorname{Var}\left\{\Phi_{\nu\,xT}(\omega)\right\}$ unabhängig von der Größe des Erwartungswertes der Spektrumsamplituden. Für den so definierten relativen Fehler $|(\Phi_{\nu\,xT}(\omega)/\Phi_x(\omega)) - 1|$ kann man also die Wahrscheinlichkeit, mit der dieser zu erwarten ist, aus der folgenden Gleichung bestimmen:

$$W\left(\left|\frac{\Phi_{\nu\,xT}(\omega')}{\Phi_x(\omega')} - 1\right| > \epsilon\right) < \frac{\operatorname{Var}\left\{\Phi_{\nu\,xT}(\omega')\right\}}{\epsilon^2\Phi_x^2(\omega)}$$

$$\text{mit } \operatorname{Var}\left\{\Phi_{\nu\, xT}(\omega)\right\} = \frac{\Phi_x^2(\omega')}{T_{äq} c_\nu^2} \int_{-\infty}^{\infty} G_\nu^2(\omega)\, d\omega$$

$$\text{und } c_\nu^2 = \left[\int_{-\infty}^{\infty} G_\nu(\omega)\, d\omega\right]^2. \tag{5.84}$$

ϵ gibt in (5.84) schließlich die vorzugebenden Grenzen des relativen Fehlers an. Sinnvollerweise wird man dabei nicht über 8 % des Erwartungswertes hinausgehen, andererseits aus Aufwandgründen nicht 4 % unterschreiten, so daß also gilt:

$$0{,}04 < \epsilon < 0{,}08.$$

Bei einer gleichzeitig anzustrebenden Sicherheit von 95 % ergibt sich somit für $T_{äq}$:

$$T_{äq} = \frac{\int_{-\infty}^{\infty} G_\nu^2(\omega)\, d\omega}{c_\nu^2 \epsilon^2 0{,}95} . \tag{5.85}$$

Nun besteht zwischen $T_{äq}$ und der Meßzeit T_n der Zusammenhang

$$T_{äq} = T_n - \alpha_\nu \tau_{max}, \tag{5.86}$$

woraus für T_n folgt:

$$T_n > \frac{\int_{-\infty}^{\infty} G_\nu^2(\omega)\, d\omega}{c_\nu^2 \epsilon^2 0{,}95} + \alpha_\nu \tau_{max}. \tag{5.87}$$

α_ν ist darin die aus der Fensterfunktion nach (5.43) abgeleitete Konstante, τ_{max} das zu wählende Mittelungsintervall. Letzteres bestimmt sich aus der gewünschten Auflösung, die aber nur dann gesichert ist, wenn sich die Fensterfunktionen nicht überlappen. Dies ist der Fall, wenn

$$2\Delta f \tau_{max} = 1 \quad . \tag{5.88}$$

ist. Damit ergibt sich schließlich für T_n:

$$T_n > \frac{\int_{-\infty}^{\infty} G_\nu^2(\omega)\, d\omega}{c_\nu^2 \epsilon^2 0{,}95} + \alpha_\nu \frac{1}{2\Delta f}. \tag{5.89}$$

Für die Fensterfunktion G_3 folgt daraus wegen

$$\int_{-\infty}^{\infty} G_3^2(\omega)\, d\omega = 1{,}5896 \pi \tau_{max} \tag{5.90}$$

und

$$\int_{-\infty}^{\infty} G_3(\omega)\, d\omega = 2\pi \tag{5.91}$$

für $\epsilon = 0{,}05$:

$$T_n > 26{,}796 \frac{1}{\Delta f}. \qquad (5.92)$$

Bei der vorliegenden Aufgabe sollte nach Möglichkeit eine Auflösung von 0,1 Hz erreicht werden. Die notwendige Meßzeit beträgt dann bei einer Fehlerschranke von $\pm$ 5 %: T_n = 4,466 min. Die etwas groß erscheinende Meßdauer läßt sich jedoch durchaus realisieren, denn bei dem zu messenden Signal handelt es sich ja nicht um einen deterministischen Vorgang, sondern um einen stochastischen. Das aber hat zur Folge, daß man einen längeren Schrieb auch durch mehrfaches Befahren ein und derselben Strekke gewinnen kann. Der daraus resultierende Mehraufwand läßt sich natürlich nicht vermeiden.

Aus der Beziehung für die Ensemblelänge und aus der zu wählenden Schrittweite läßt sich nun auch leicht die benötigte Speicherzahl ermitteln. Es gilt:

$$n = \frac{T_n}{\Delta t} = T_n 2 0 f_{max}. \qquad (5.93)$$

f_{max} ist der Aufgabenstellung gemäß zu wählen. Will man lediglich das Spektrum zur Berechnung des Schwingungsverhaltens von Fahrzeugen heranziehen, so kann man die Analyse bei 20 Hz abbrechen, weil die Fahrzeugeigenfrequenzen in der Regel unterhalb 20 Hz liegen. Will man hingegen eine Aussage über die Schienenerregung und der sie beeinflussenden Parameter treffen, so ist die Analyse bis wenigstens 60 Hz, gegebenenfalls sogar darüber, zu treiben.

Doch wirkt sich dieser Punkt nur auf die Schrittweite und nicht auf die Ensemblelänge aus. In jedem Fall muß aber bei der Wahl von Δt darauf geachtet werden, daß dann auch die Speicherkapazität noch ausreicht. Diese Zahl ist maschinenabhängig und kann kaum allgemeingültig angegeben werden.

5.4.5. Das Digitalprogramm

Für die praktische Durchführung der Rechnung bedarf es noch eines numerischen Programms sowie einer Skizzierung aller zur Analog-Digital-Wandlung erforderlichen Schaltmaßnahmen. Programm und Schaltungseingriffe können sich natürlich nur auf eine bestimmte Rechneranlage beziehen, die sich zudem am Hochschulort befinden muß. Für die Rechnung bietet sich hier die CDC-Maschine des Hochschul-Rechenzentrums an, wobei die Rechnung nach dem in [21] gegebenen Algolprogramm vorgenommen werden könnte.

Die Analog-Digital-Wandlung läßt sich an der CDC-Anlage nicht durchführen. Über die zur Wandlung notwendige hardware verfügt jedoch die PDP7-Anlage des Institutes für Strahlantriebe und Turbomaschinen der RWTH Aachen. Wegen der kleineren Speicherkapazität des Rechners müßten jedoch die Daten bei der Wandlung blockweise eingelesen und abgespeichert werden. Das aber erfordert den bereits angedeuteten Schaltungseingriff. Außerdem bedarf es eines Programms für den PDP-7-Rechner. Die Aufgabe dieses

Rechners ist es, die analoge Zeitfunktion in Schritten von $\Delta t < 800$ msec * abzulesen, in Digitalwerte umzusetzen und unter Benutzung des Kernspeichers auf Band abzuspeichern. Nach Ende der Umsetzung sind die gespeicherten Daten auf Lochkarten auszugeben. Für die Zwischenspeicherung stehen 8 000 Kernspeicherplätze zur Verfügung, was zu einem blockweisen Einlesen zwingt. Den beschriebenen Ablauf entspricht die folgende Befehlsfolge - geschrieben in der symbolischen Sprache des PDP-7-Assemblers.

5.4.6. Der Schaltungseingriff

Mit dem Programm ist zwar die Befehlsfolge für den Digitalrechner festgelegt, doch lassen sich damit allein nicht die Intervalläufe des angeschlossenen Analogspeichers steuern. Für letzteren kommt, wenn man nicht einen ökonomisch unzumutbaren Aufwand treiben will, nur eine Bedienung von Hand in Frage. Auf diese Weise kann natürlich das Band nie genau mit Einlesen des letzten Tastwertes eines Blockes abgestoppt werden. Selbst wenn das ginge, wäre auf Grund der immer vorhandenen Auslaufstrecke eine äquidistante Schrittweite der Tastwerte an den Blockgrenzen nicht gewährleistet. Dies aber ist für eine richtige Analyse unbedingt notwendig. Die notwendige Schrittweitenkonstanz läßt sich jedoch leicht erzwingen, wenn man die Wandlung von Steuerimpulsen abhängig macht, die man vom Analogband zugleich mit dem stochastischen Signal mit einliest. Auf diese Weise bleibt zunächst die Schrittweitenäquidistanz innerhalb eines Blockes gewahrt. Wenn man jetzt noch die Impulse in Blöcken von 8 000 Takten wechselnd auf zwei Spuren abspeichert, kann man auch die Schrittweitenkonstanz an den Blockgrenzen erzwingen, denn nach jedem Überlauf braucht man dann das Band lediglich kurz zurückzuspulen und den Steuereingang mit der conträren Impulsspur zu verbinden. Nach neuerlichem Anlauf wird dann die erste Wandlung wie man aus Abb. 51 leicht ersehen kann, genau im Schrittweitenabstand vom letzten Wandlungstakt erfolgen.

Um nun tatsächlich die Umwandlung des stochastischen Signales im Takt der vom Band eingelesenen Impulse vollziehen zu können, bedarf es noch einer Änderung der Eingangsschaltung, da normalerweise die Umwandlung vom Taktimpuls des Rechners gesteuert wird. Bei gleichen Impulspotentialen brauchte man demnach lediglich die Taktzuleitungen gegeneinander auszutauschen, um den gewünschten Effekt zu erreichen. Nun haben die vom Band eingelesenen Impulse ein anderes Potential als die Taktimpulse. Deshalb sind die Impulse vor Eingabe noch mit Hilfe der in Abb. 50 wiedergegebenen Schaltung umzuformen.

Unbedingt erforderlich ist es zudem, daß der Analogspeicher nach Einlesen von 8 000 Impulsen gestoppt wird, weil man sonst leicht in den nachfolgenden Block der gleichen Spur gelangen könnte. Am einfachsten läßt sich dies durch Wiedergabe der abgespielten Impulse auf einem Oszillographenschirm erreichen, denn sobald keine Impjlse mehr am Schirm erscheinen, kann man manuell den Analogspeicher stoppen. Eine elegantere Lösung zeigt Abb. 51. Hier werden die Impulse mitgezählt und von einer Koinzidenzschaltung verglichen. Nach Einlesen von 8 000 Impulsen stimmen dann die Vorgabe- und Zählerimpulskombinationen überein. Dadurch wird ein Impuls ausgelöst, der das Bandgerät stoppt.

* Die maximal zulässige Wandlungszeit ist $\Delta t < \frac{1}{20 f_{max}} = 830$ msec.

```
W
MAGANA GIBT DATEN VOM ANALOG MAGNETBAND AUF LOCHSTREIFEN AUS
22/
BEGIN,    HLT
OCTAL
          AUTO = 1Ø
          ADSF = 7Ø13Ø1
          ADSC = 7Ø13Ø4
          ADRB = 7Ø1312
          ANF = 77
          LRS = 64Ø5ØØ
DECIMAL
          CAF
          LAC ANF
          DAC AUTO
          LAS
          CMA
          DAC  #COUNT
          DAC  #COUNT2
A,        ADSF
          JMP .-1
          ADRB
          DAC I AUTO
          ISZ COUNT
          JMP A
          LAC ANF
          DAC AUTO
          LAC COUNT2
          DAC COUNT
B,        LAC I AUTO
          LRS+1Ø
          PSA
          PSF
          JMP .-1
          PCF
          ISZ COUNT
          JMP B
          JMP BEGIN
START BEGIN
```

Das für die Wandlung ebenso wichtige Abspeichern der Taktimpulse auf das Band vollzieht sich in ähnlicher Weise. Die vom Rechner dem Bandspeicher zugeleiteten Impulse werden zugleich gezählt und mit der Vorgabezahl in Koinzidenz gebracht. Stimmen beide Impulskombinationen überein, so wird ein Impuls ausgelöst. Dieser wiederum bringt einen Flip-Flop-Speicher und den an ihn angeschlossenen elektronischen Schalter in seine Kontrastellung. In diesem Moment wird die Impulszuleitung von der bisherigen Bandspur getrennt und mit der Gegenspur verbunden. Beide Spuren arbeiten im Direktverfahren. Der beschriebene Sachverhalt geht aus Abb. 51 anschaulich hervor.

Wichtig für die Wandlung ist noch der Zusammenhang zwischen der Genauigkeit bei der Wandlung und der Bitzahl des umgesetzten Signales sowie der daraus resultierenden Umwandlungszeit. Er ist in Tab. 4 angegeben. Zur Steuerung des Graphomaten dient das folgende Programm:

6. Zusammenfassung

Bei jedem Abrollen eines Fahrzeugs über Schienen beobachtet man, daß das Fahrzeug Schwingungen ausführt, die in ihrem Ablauf von den Fahrzeugeigenschaften sowie von Art und Unterhaltungszustand des Oberbaus abhängen.

Bei der von den Schienen ausgehenden Erregung handelt es sich um eine regellose Zeitfunktion, infolge derer auch die darüber laufenden Fahrzeuge regellose Schwingungen ausführen. Dieser Tatbestand erschwert es dem Konstrukteur, das Fahrzeug schwingungstechnisch günstig auszulegen. Besonders bei Triebfahrzeugen ist eine genauere Kenntnis dieser Schwingungsvorgänge wichtig, um für die im Drehgestell mitschwingenden Triebwerksteile nicht mehr Spielraum vorzusehen, als aufgrund der zu erwartenden Schwingungsausschläge unbedingt nötig ist. Nun kann man aber das Schwingungsverhalten eines über den Schienenstrang laufenden Fahrzeugs mit Hilfe der Systemtheorie regelloser Vorgänge auf Basis der Leistungsspektren der Erregung bestimmen.

Die Spektren wiederum lassen sich aus den vertikalen Achsbeschleunigungen eines über die Fahrbahn bewegten Fahrzeugs ermitteln. Weiter kann man aus dem Erregungsspektrum auch Aussagen über Unterhaltungszustand und Qualität eines Oberbaus gewinnen. Als Maß für die Güte eines Oberbaus dient dabei die Amplitudenhöhe der spektralen Dichte.

Die Messung des Leistungsspektrums läßt sich sowohl analog als auch digital ausführen. Für die analoge Auswertung stehen spezielle Rechner zur Verfügung. Ein solcher Rechner ist der ISAC, mit dem in der vorliegenden Arbeit die Analysen durchgeführt worden sind. Die dazu notwendigen Achsbeschleunigungsmessungen wurden auf der Strecke Hannover - Celle im Abschnitt Langenhagen - Celle bei Geschwindigkeiten von 70 und 140 km/h durchgeführt. Befahren wurden die Oberbauarten K49 1588 H, K49 1588 Hh und K49 1588 Ba. Um bei den Messungen auch den Einfluß der Radlasten erfassen zu können, wurden die Beschleunigungsgeber sowohl an der Lokomotive als auch an einem Büm-Wagen angebracht.

```
      PROGRAM ZEICHNE (INPUT,OUTPUT,PPTSB=1000,TAPE1=INPUT,TAPE2=
     * OUTPUT,TAPE3=PPTSB)
C
C     PROGRAMM ZUM ZEICHNEN VON KURVEN
C
C
C
C     CONTROL DATA  CD 6400      SCOPE 2.0
C
C     VERSION 5.11.1969
C
      COMMON YC(400),XA(400),YA(400),XB(400),YB(400)
      COMMON / FORM / K,IFOA,IFOB
      COMMON / FORM / IK,IFA(4),IFB(4)
      COMMON / GRAPHA / IA,XM,YM,XNN,YNN,XN,YN,ZX(268)
      COMMON / GRAPHZ / IZAHL,NUL
      DATA IFOA,IFOB / 9H(2I5,F10),6H(8F10) /
      XM=5.0
      IK=0
   10 READ (1,IFOA) KZ
      IF(KZ.EQ.0) GO TO 90
      READ (1,IFOB) YM,YMAX
      H=5.0
      A=0.0
      DO 15 I=1,6
      CALL ZIFTEX (A,4H(F2))
      AAX=A*XM-TEXLAN(IZAHL,H)/2.0
      CALL SCHRIFT (IZAHL,H,NUL ,AAX,-10.0,1)
   15 A=A+10.0
      CALL ACHSE (50.0,NUL,3.0,50.0,NUL,1)
      HB=10.0
      B=YMAX/10.0
      IF(B.GE.1.0) GO TO 5
      BB=1.0
      B=YMAX
    5 CONTINUE
      IB=B+1.0
      A=0.0
      AAY=-2.5
      DO 25 I=1,IB
      CALL ZIFTEX (A,4H(F2))
      AAX=-H-TEXLAN(IZAHL,H)
      CALL SCHRIFT (IZAHL,H,NUL ,AAX,AAY,1)
      AAY=AAY+YM*BB
   25 A=A+BB
      AAY=YM*BB
      CALL ACHSE (NUL,AAY,3.0,YMAX,NUL,1)
      K=1
      CALL KURVE (NA,XA)
      IF(KZ.LT.2) GO TO 80
      CALL ZWISTOP
      DO 20 I=1,NA
   20 YA(I)=YC(I)
      DO 65 I=1,4
   65 IFA(I)=IFB(I)
      CALL KURVE (NB,XB)
      IF(KZ.EQ.2) GO TO 80
      NC=1
      DO 52 ND=1,NB
      IF(XA(ND).EQ.XB(1)) GO TO 58
   52 CONTINUE
      ND=1
      DO 54 NC=2,NB
      IF(XA(1).EQ.XB(NC)) GO TO 58
   54 CONTINUE
      GO TO 80
   58 NB=MINC(NA,NB,NC)
      CALL NULL (NB,YB)
      NC=NC-ND
      DO 60 I=ND,NB
      IF(XA(I).NE.XB(I+NC)) GO TO 80
   60 YB(I)=(YA(I)+YC(I+NC))/2.0
      CALL ZWISTOP
      CALL STEU Z 64 (XA(ND),YB(ND),NB-ND+1,K)
      WRITE (2,20003) IFA,IFB
20003 FORMAT (*1  ZUSAMMENGEFASSTE WERTE  *8A10//,7(3X1HX12X3HY*F)/)
      DO 70 I=ND,NB,7
   70 WRITE (2,20010) (XA(I+J),YB(I+J),J=0,6)
20010 FORMAT (7(XF6.2,6XF6.3))
   80 CALL BLATT
      GO TO 10
   90 CONTINUE
      END
```

Beim Aufruf "KURVE" handelt es sich um das folgende Unterprogramm:

```
              SUBROUTINE KURVE (N,F)
000004        REAL F(800)
000004        COMMON YC(400)
000004        COMMON / FORM / K,IFOA,IFOB
000004        COMMON / FORM / IK,IFA(4),IFB(4)
000004        IK=IK+1
000005          READ (1,10010) IFB
000015        READ (1,IFOA) N
000025  10010 FORMAT (8A10)
000025        READ (1,IFOB) (F(I),F(I+400),I=1,N)
000050        CALL NULL (N,F(401))
000053     10 READ (1,IFOA) LA,LE,UF
000067        IF(LA.EQ.0) GO TO 30
000070        DO 20 I=LA,LE
000071     20 YC(I)=F(I+400)*UF
000077        GO TO 10
000077     30 CONTINUE
000077        CALL NULL (N,YC)
000103        CALL STEU Z 64 (F,YC,N,K)
000110        WRITE (2,20005) IFB
000117        DO 50 I=1,N,7
000120  20005 FORMAT (1H1,2X,4A10//7(4X1HX5X1HY4X3HY*FX)/)
000120     50 WRITE (2,20010) (F(I+J),F(I+J+400),YC(I+J),J=0,6)
000151  20010 FORMAT (7(X,F6.2,F4.0,F8.3))
000151        K=K+1
000152        RETURN
000153        END
```

Die Aufrufe "ZIFTEX", "SCHRIFT", "ACHSE", "ZWISTOP", "STEU Z 6," und "BLATT" sind Routinen aus der Prorammbibliothek des Rechenzentrums der RWTH - Aachen.

Die anschließende Analyse erfolgte dergestalt, daß ein Vergleich des Einflusses unterschiedlicher Oberbauarten, Geschwindigkeiten und Fahrzeuggewichte auf das Spektrum der Erregung möglich war. Davon ausgehend konnten aus den untersuchten Streckenabschnitten die für übliche Radlasten und Geschwindigkeiten günstigsten Oberbauarten bestimmt sowie der Radlast- und Geschwindigkeitseinfluß auf die Fahrzeugschwingungen ermittelt werden.

Aus den analysierten Meßschrieben ergibt sich, daß das Spektrum aus einem Grundspektrum besteht, dem sich einige durch Eigenschwingungen und die Periodizität der Schwellen hervorgerufene Spitzen überlagern. Die Geschwindigkeit wirkt sich annähernd mit der 4. Potenz auf die Spektrumshöhe aus. Größere Radlasten führen zu einer Verkleinerung des Grundspektrums, da eine gewisse Glättung der Fahrbahn durch das Niederwalzen geometrischer Unebenheiten eintritt.

Die vergleichende Betrachtung aller drei Oberbauarten zeigte bei allen Geschwindigkeiten und Radlasten, daß die Ausführung K49 1588 H die günstigsten Eigenschaften aufweist, gefolgt von der Ausführung K49 1588 Ba. Die ungünstigsten schwingungstechnischen Eigenschaften hatte der Oberbau K49 1588 Hh.

Das beschriebene Auswertverfahren erweist sich bei systematischen Oberbauanalysen als sehr nachteilig, weil es zu zeitaufwendig ist. Deshalb wird zusätzlich ein Verfahren skizziert, das eine Analyse auf digitalem Wege ermöglicht. Dazu werden einmal die erforderlichen Programme angegeben und die notwendigen Schrieblängen abgeschätzt. Die weitere Durchführung dieser Auswertung war nicht möglich, da die erforderlichen finanziellen Mittel für die Schaltmaßnahmen im Digitalteil der PDP7-Anlage sowie für die Geräte zur magnetbandgesteuerten Signalumsetzung nicht zur Verfügung standen.

7. Verzeichnis der Formelzeichen

a_j	Entfernung zwischen Meßstelle x und Bezugsachse j
B_A	auf die Eingangsamplitude bezogene Amplitudenabweichung des vom Beschleunigungsgebers aufgezeichneten Signales
B_{ges}	auf die Fourieramplitude der Radsatzbeschleunigungen bezogene Abweichung zwischen den Fourieramplituden der Radsatzbeschleunigungen und den Fourieramplituden des verstärkten aufgezeichneten Signales
B_V	auf die Eingangsamplitude bezogene Amplitudenabweichung des verstärkten Signales
$B_{\tilde{z}^2 Fi}$	relativer Fehler der aus einem endlichen Schrieb gemessenen Leistung
c	Gleisfederkonstante je Längeneinheit
c_i	Federkonstante an der Schwelle i
$Cov(z_1, z_2)$	Kovarianz der stochastischen Signale z_1 und z_2
d	Gleisdämpfungskonstante je Längeneinheit
d_i	Dämpfungskonstante an der Schwelle i
E	Elastizitätsmodul der Schiene (des Stabes)
$E(k^2)$	Quadratisches Moment bernoulli-verteilter Zufallsvariabler
F(x)	Querschnittsfläche der Schiene (des Stabes)
$F_{Fi}(i\omega)$	Übertragungsfunktion des Rechner-Schmalband-Filters
g_ν	Fensterfunktion ν im Zeitbereich
G_ν	Fensterfunktion ν im Frequenzbereich
h	relative Häufigkeit
J	Flächenträgheitsmoment der Schiene (des Stabes) in Bezug auf die zur Auslenkung senkrechte Achse
k	Wellenzahl
k	Zahl der günstigen Fälle bei bernoulli-verteilten Zufallsvariablen
L_o	Schwellenabstand
m(x)	Masse je Längeneinheit der Schiene (des Stabes)
M	Biegemoment
M_E	Eichmaßstab bei der analogen Spektrumsmessung

$M_{\tilde{z}^2 Fi}$	am Ausgang des ISAC-Rechners gemessene Standardabweichung des gefilterten Signales
n	Gesamtzahl aller Meßwerte eines stochastischen Vorganges
n	mittlerer Nullstellenabstand
n	Zahl der erforderlichen Analysen
n_g	Mindestereigniszahl zur Annäherung der bernoulliverteilten Summenhäufigkeit an die Summenhäufigkeit eines zeitbegrenzten gaußverteilten stochastischen Signales
n_ρ	Zahl der Realisationen des stochastischen Signales innerhalb der Klasse ρ
p	Wahrscheinlichkeit für das Eintreten des Ereignisses bei bernoulli-verteilten Zufallsvariablen
$p(x)$	kontinuierlich verteilte Balkenbelastung je Längeneinheit
P	Radlast
q	Wahrscheinlichkeit für das Nichteintreten des Ereignisses bei bernoulli-verteilten Zufallsvariablen
Q	Querkraft
R_{zz}	Korrelationsfunktion eines stochastischen Signales Z
R_{zzT}	geschätzte Korrelationsfunktion eines zeitbegrenzten stochastischen Signales Z der Länge T
$R_{\tilde{z}^2 Fi}$	Korrelationsfunktion der Meßwertspannung am Filterausgang
s	Länge der Meßstrecke
s^2	Schätzwert für die Varianz
t	allgemein für Zeit
Δt	Laufzeit von Meßwertgebern
Δt	Abtastschrittweite
T	Schrieblänge des stochastischen Signales
T^*	Periodendauer der zu erfassenden maximalen Frequenz des umzuwandelnden stochastischen Signales
T_n	erforderliche Meßzeit
$T_{äq}$	Integrationsintervall bei Ermittlung der Standardabweichung der Analysepunkte
u_r	Testmaß beim χ^2-Test

v	Fahrzeuggeschwindigkeit in m/sec
V	Fahrzeuggeschwindigkeit in km/h
V_L	Verstärkung bei der analogen Leistungsmessung
Var	Varianz
w	Verteilungsdichte
W	Verteilungsfunktion
$w_{nB}(k)$	Bernoulli-Verteilung
W_T	Summenhäufigkeit eines zeitbegrenzten stochastischen Signales der Länge T
x	Koordinate in Schienenlängsrichtung
X	Zufallsvariable
z	Schienendurchsenkung
$\bar{z}$	Erwartungswert des stochastischen Signales Z
$\overline{z^n}$	n-tes Moment des stochastischen Signales Z
$\ddot{z}_A$	Meßwertspannung des Beschleunigungsaufnehmers
$\ddot{z}_B$	Meßwertspannung am Bandspeicherausgang
$\ddot{z}_F$	Fraktile
$\ddot{z}_{Fi}$	Meßwertspannung am Ausgang vom ISAC-Rechner-Schmalbandfilters
z_S	Vertikalbewegung der Achse
$\ddot{z}_S$	Vertikalbeschleunigung der Achse
$\ddot{z}_V$	Meßwertspannung nach Verstärkung
s	Einsenkung gefedert ungedämpft aufliegender Schienen unter der Last P im eingeschwungenen Zustand
$\alpha(\omega)$	Fourieramplitude
$\alpha_{\ddot{z}A}$	Fourieramplitude der Meßwertspannung vom Beschleunigungsaufnehmer
$\alpha_{\ddot{z}S}$	Fourieramplitude der vertikalen Achsbeschleunigungen
$\alpha_{\ddot{z}V}$	Fourieramplitude der verstärkten Meßwertspannung
α_ν	Koeffizient zur Berechnung von Täq
δ	Dirac'sche Deltafunktion
ϵ_{nTi}	Abweichung zwischen Scharmittelwert und Zeitmittelwert
λ	berücksichtigt die Schwankungsbreite des Fehlers $B_{\ddot{z}^2 Fi}$

λ	Wellenlänge
ρ	Dichte
σ	Standardabweichung
$\sigma_M(i)$	Standardabweichung der aus n Analyseergebnissen ermittelten mittleren Leistung
σ_W	Standardabweichung der gemessenen Wahrscheinlichkeiten
σ_{zF}	Standardabweichung der gemessenen Wahrscheinlichkeiten bei fraktiler Darstellung
$\sigma_{\ddot{z}^2 Fi}$	Standardabweichung der gemessenen Leistungswerte bei Analyse eines Schriebes
$\Phi_{\ddot{z}A}(\omega)$	frequenzabhängige Leistung der vom Beschleunigungsgeber aufgezeichneten vertikalen Achsbeschleunigungen
$\Phi_{\ddot{z}B}(\omega)$	Leistung der Meßwertspannung am Bandspeicherausgang bei der Frequenz ω
$\Phi_{\ddot{z}BT}(\omega)$	Leistung der zeitbegrenzten Meßwertspannung der Länge T am Bandspeicherausgang bei der Frequenz ω
$\Phi_{\ddot{z}Fi}(\omega)$	Leistung der gefilterten Meßwertspannung bei der Frequenz ω
$\Phi_{zS}(\omega)$	Leistung der vertikalen Achsbewegungen bei der Frequenz ω, gemessen aus einem endlich langen Ensemble
$\Phi_{\ddot{z}S}(\omega)$	Leistung der vertikalen Achsbeschleunigungen bei der Frequenz ω, gemessen aus einem unendlich langen Ensemble
$\Phi_{\ddot{z}T}(\omega)$	Leistung der vertikalen Achsbeschleunigungen bei der Frequenz ω, gemessen aus einem Schrieb der Länge T
$\Phi_{\ddot{z}V}(\omega)$	frequenzabhängige Leistung der aufgezeichneten vertikalen Radsatzbeschleunigung nach ihrer Verstärkung
$\Phi_{\nu xT}$	unter Benutzung der Fensterfunktion G_ν ermittelte Leistung eines stochastischen Signales der Länge T
Φ^{*}_{z}	Fouriertransformierte von $g_\nu(i\Delta t)\ R_{zzT}(i\Delta t)$
ω	Kreisfrequenz
τ	Schwingungsperiode
τ	Korrelationszeit
$\Delta\tau$	Korrelationszeitschrittweite bei der Abschätzung der Korrelationsfunktion
τ_{max}	maximale Korrelationszeit bei Abschätzung der Korrelationsfunktion eines zeitbegrenzten stochastischen Signales

8. Literaturverzeichnis

[1] Balchen, J.G. und E. Blandhol, On the experimental determination of statistical properties of signals and disturbances in automatic control systems. Proceeding of the First International Congress of the International Federation of Automatic Control (I.F.A.C.), Moskav, 1960, London, München, 1961.

[2] Betzhold, C., Erhöhung der Beanspruchung des Eisenbahnoberbaus durch Wechselwirkungen zwischen Fahrzeug und Oberbau, Glasers Annalen, Bd. 81 (1957), H. 3, S. 76 - 82, H. 4, S. 108 - 115, H. 5, S. 137 - 145.

[3] Birmann, F., Neuere Messungen an Gleisen mit verschiedenen Unterschwellungen. Eisenbahntechnische Rundschau, Bd. 6 (1957), H. 7.

[4] Blandhol, E., Hestvik, O. und I. Mohus, A description of the statistical computer "ISAC", Band 1, Nov. 1959 und Band 2, Dez. 1960, herausgegeben vom Institut für Regulierungsteknikk, Trondheim.

[5] Blackman, R.B. und I.W. Tukey, The Measurement of Power Spectra, New York: Dover Publications 1958.

[6] Bronstein, I. und K. Semendjajew, Taschenbuch der Mathematik. Verlag Harri Deutsch, Zürich und Frankfurt/M., 1967.

[7] Dörr, J., Der unendliche, federnd gebettete Balken. Ingenieur-Archiv, Bd. 14 (1943), H. 3/4, S. 167 - 192.

[8] Dörr, J., Das Schwingungsverhalten eines federnd gebetteten unendlich langen Balkens. Ingenieur-Archiv, Bd. 16 (1948), H. 5 und H. 6, S. 287 - 298.

[9] Fisz, M., Wahrscheinlichkeitsrechnung und mathematische Statistik. VEB Deutscher Verlag der Wissenschaften, Berlin 1966.

[10] Giloi, W. und R. Lauber, Analogrechnen, Springer-Verlag, Berlin/Göttingen/Heidelberg, 1963.

[11] Giloi, W., Simulation und Analyse stochastischer Vorgänge. R. Oldenburg, München/Wien, 1967.

[12] Hottinger, Meßtechnik GmbH, Induktive Schwingungsaufnehmer. Bericht 10.60.

[13] Klotter, K., Technische Schwingungslehre, 2 Bde. Springer-Verlag, Berlin, Göttingen, Heidelberg, 1951 und 1960.

[14] Kraus, R., Die zweiteilige Stahlbetonschwelle. "Eisenbahntechnik", Karlsruhe, Bd. 2 (1948), H. 8/9, S. 117.

[15] Krettek, O., Das Schwingungsverhalten von Triebfahrzeugen bei regelloser Erregung. Archiv für Eisenbahntechnik, Bd. 23 (1968), S. 36 - 58.

[16] Heinhold-Gaede, Ingenieur-Statistik, R. Oldenburg - München/Wien, 1968.

[17] Naake, H.J., Experimentelle Schwingungsuntersuchungen von Eisenbahnschienen. Acustica, Bd. 3 (1953), S. 139.

[18] Nöthen, J., Federkonstante undmmitschwingende Masse des senkrecht elastischen Gleises. Glasers Annalen, Bd. 82 (1958), H. 2, S. 51 - 53.

[19] Oberhettinger, F., Tabellen zu Fourier-Transformation. Springer-Verlag, Berlin/Göttingen/Heidelberg 1957.

[20] Pösentrup, H., Zur Berechnung des Oberbaus. Eisenbahntechnik, Bd. 5 (1951), H. 4, S. 86.

[21] Ralston/Witt, Mathematische Methoden für Digitalrechner. Oldenburg-Verlag, 1967.

[22] Sass, T. und Ch. Bouché, Dubbel's Taschenbuch für den Maschinenbau, Bd. I und II, Springer-Verlag, Berlin/Göttingen/Heidelberg 1955.

[23] Schlitt, H., Systhemtheorie für regellose Vorgänge, statistische Verfahren für die Nachrichten- und Regelungstechnik, Springer-Verlag, Berlin/Göttingen/Heidelberg, 1960.

[24] Schmetterer, L., Einführung in die mathematische Statistik. Springer-Verlag, Wien, 1956.

[25] Solodownikow, W.M., Einführung in die statistische Dynamik linearer Schwingungssysteme. R. Oldenburg-Verlag, München, Wien, VEB-Verlag Technik, Berlin, 1963.

[26] Timoshenko, S., Method of Analysis of Statical and Dynamical Stresses in Rail. Verhandlungen des 2. Internationalen Kongresses für technische Mechanik (Proceedings), Zürich 1926, S. 407.

[27] Tsien, H.S., Technische Kybernetik. Berliner Union, Stuttgart 1957.

9. Abbildungen

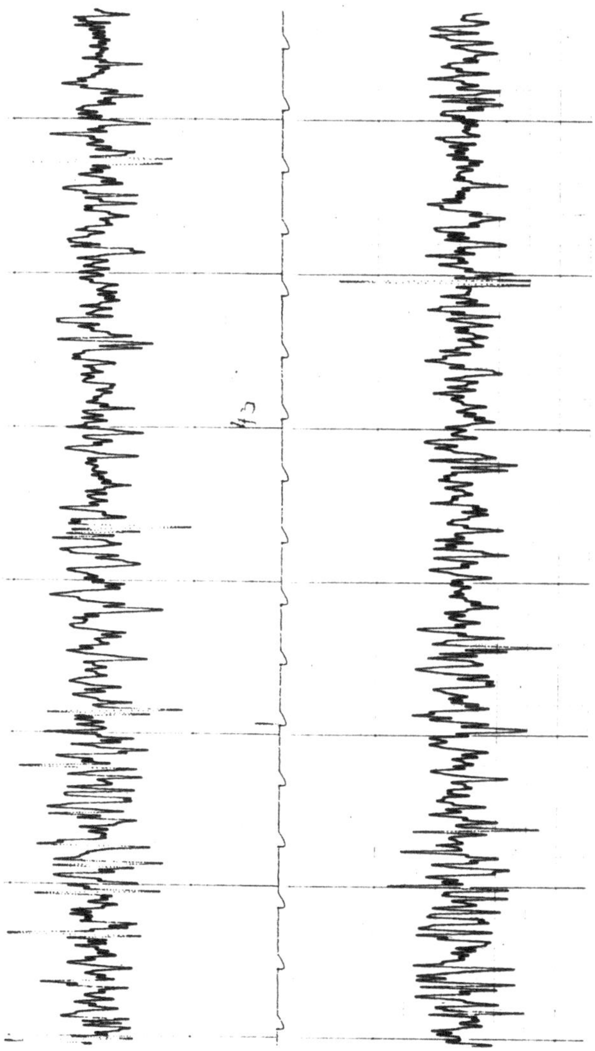

Abb. 1: Beispiel einer Aufzeichnung von Achsbuchsbeschleunigungen
Meßstrecke: Hannover - Wülfel - Eichenberg

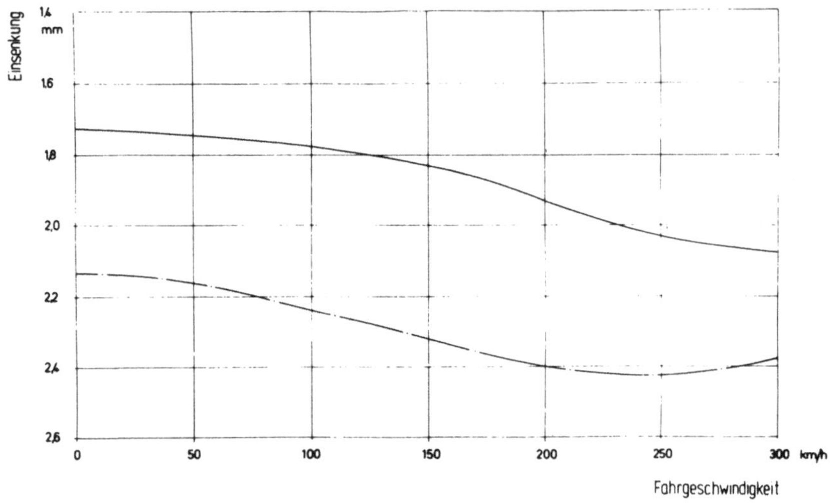

Abb. 2: Fahrbahneinsenkung in Abhängigkeit von der Fahrgeschwindigkeit

———— üblicher Oberbau
—·—·- Betonschwellenoberbau

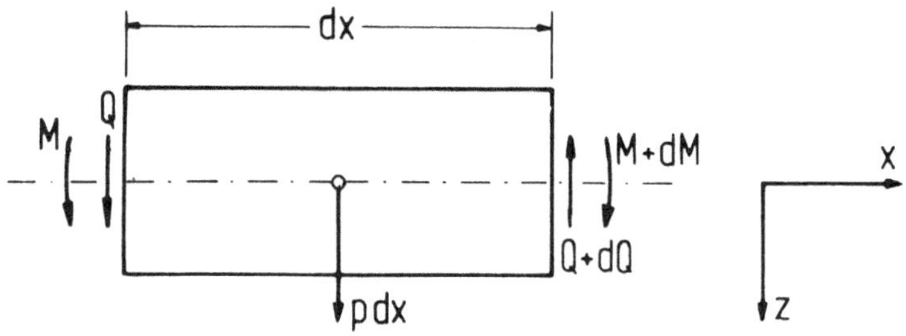

Abb. 3: Schema der Kräfte und Momente an einem Schienenelement als Grundlage für die Aufstellung der Schienenschwingungsgleichung

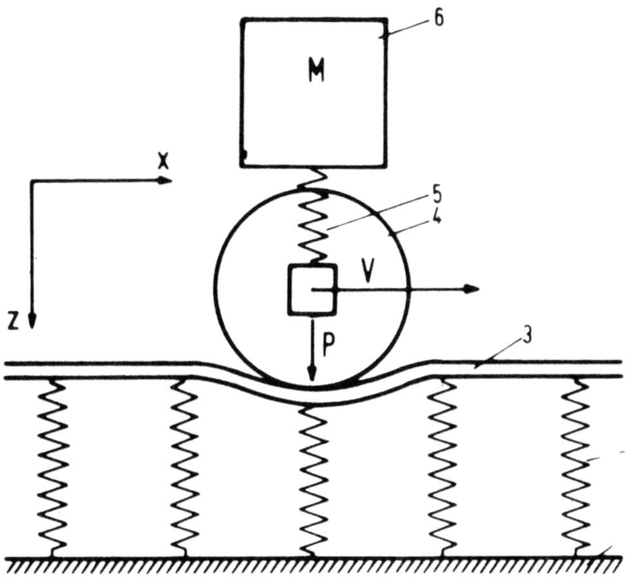

Abb. 4: Schematisierte Darstellung der dynamischen Beanspruchung des Oberbaues

1 Untergrund
2 Bettung
3 Gleisgestänge
4 Rad mit Last P und Geschwindigkeit V
5 Fahrzeug
6 Wagenkasten mit Masse M

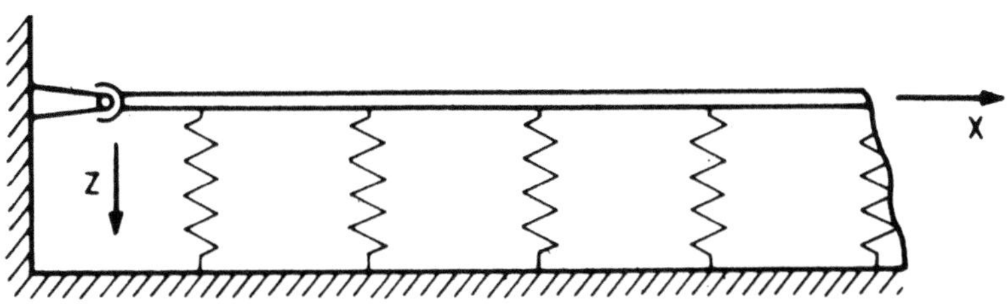

Abb. 5: Von Dörr benutzte Randbedingung

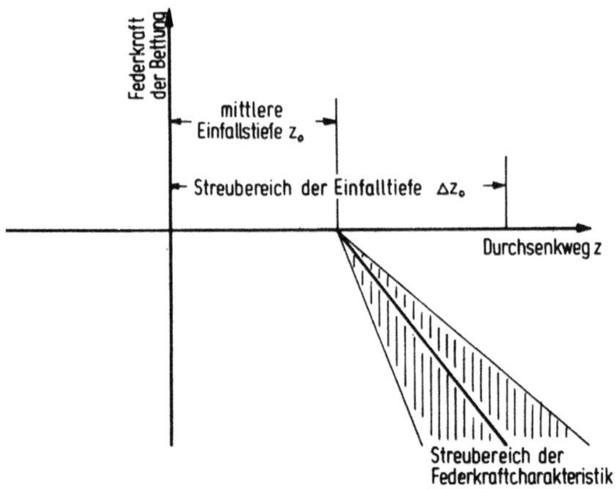

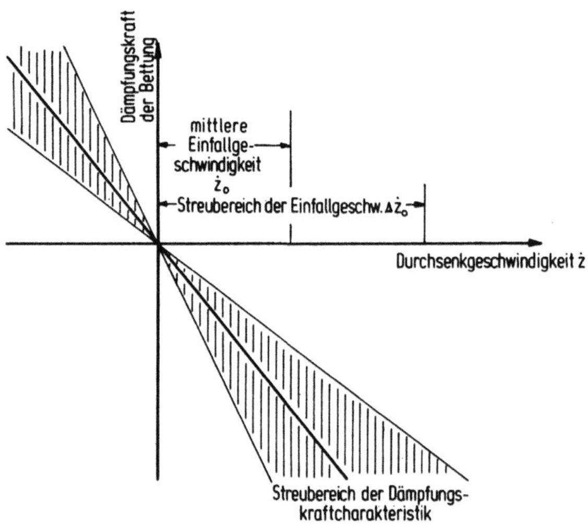

Abb. 6: Charakteristik der von der Bettung auf die Schwellen ausgehenden Dämpfungs- und Federkräfte

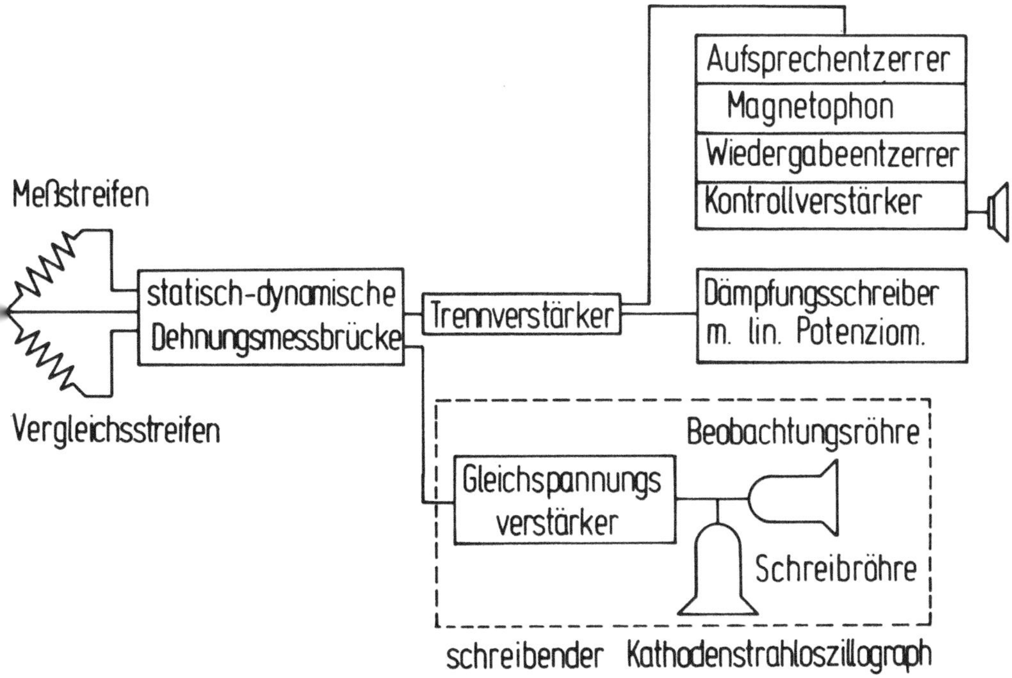

Abb. 7: Blockschaltbild zur Durchführung von Einsenkungsmessungen am Oberbau

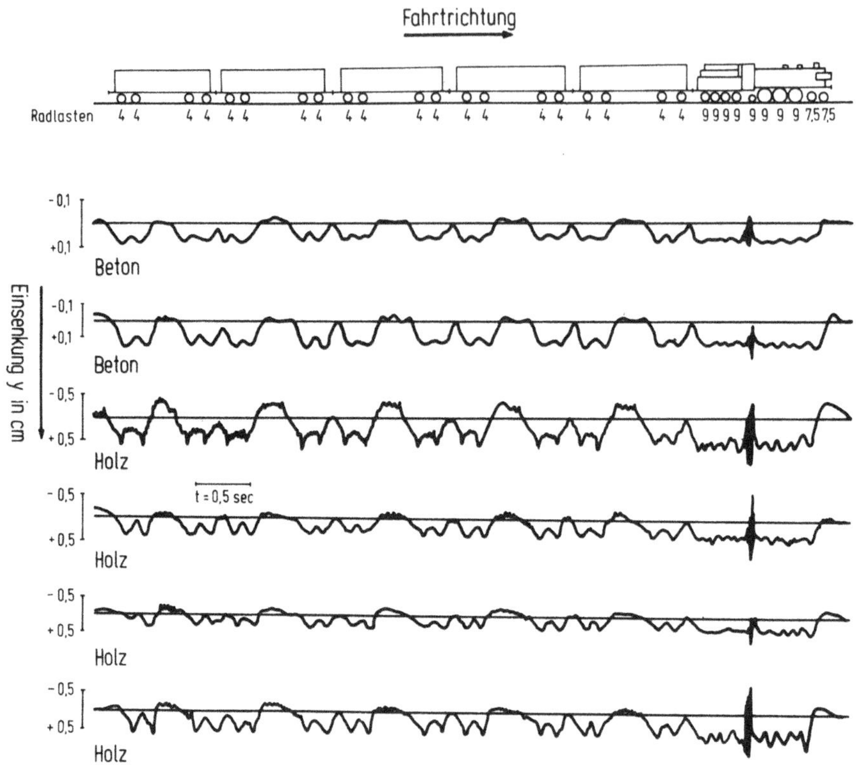

Abb. 8: Dynamische Einsenkungsmessungen am Holz- und Betonschwellenoberbau (Oszillogramm)

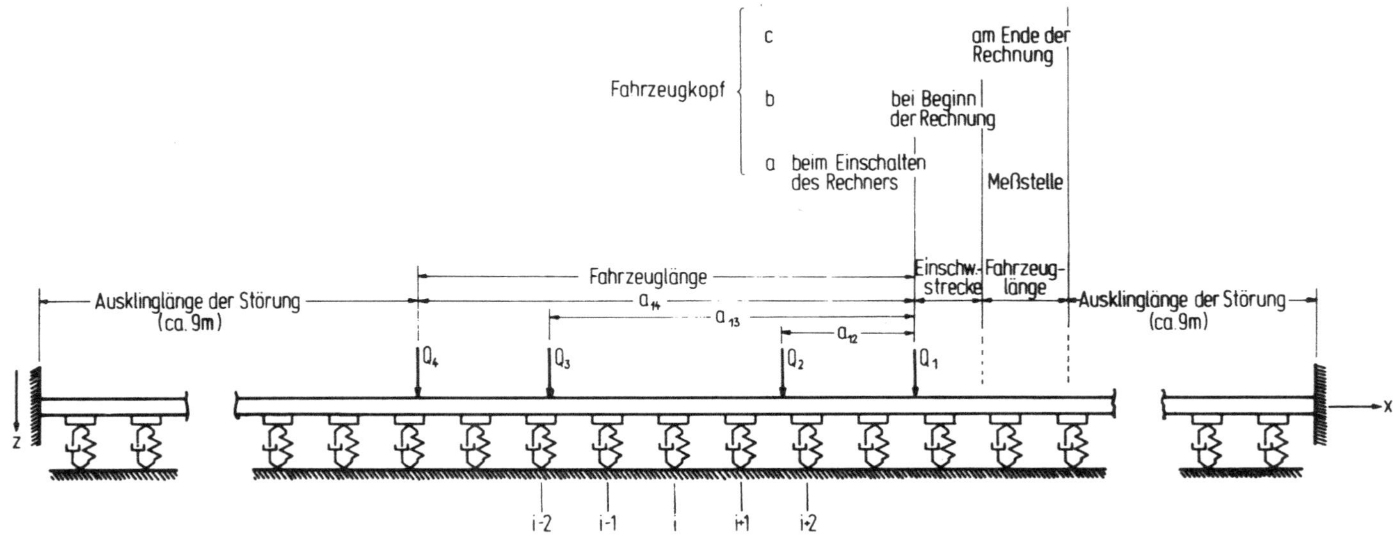

Abb. 9: Dynamisches Schema von Fahrzeug, Schiene und Bettung zur Ermittlung des Ansatzes der Schienenschwingungsgleichung

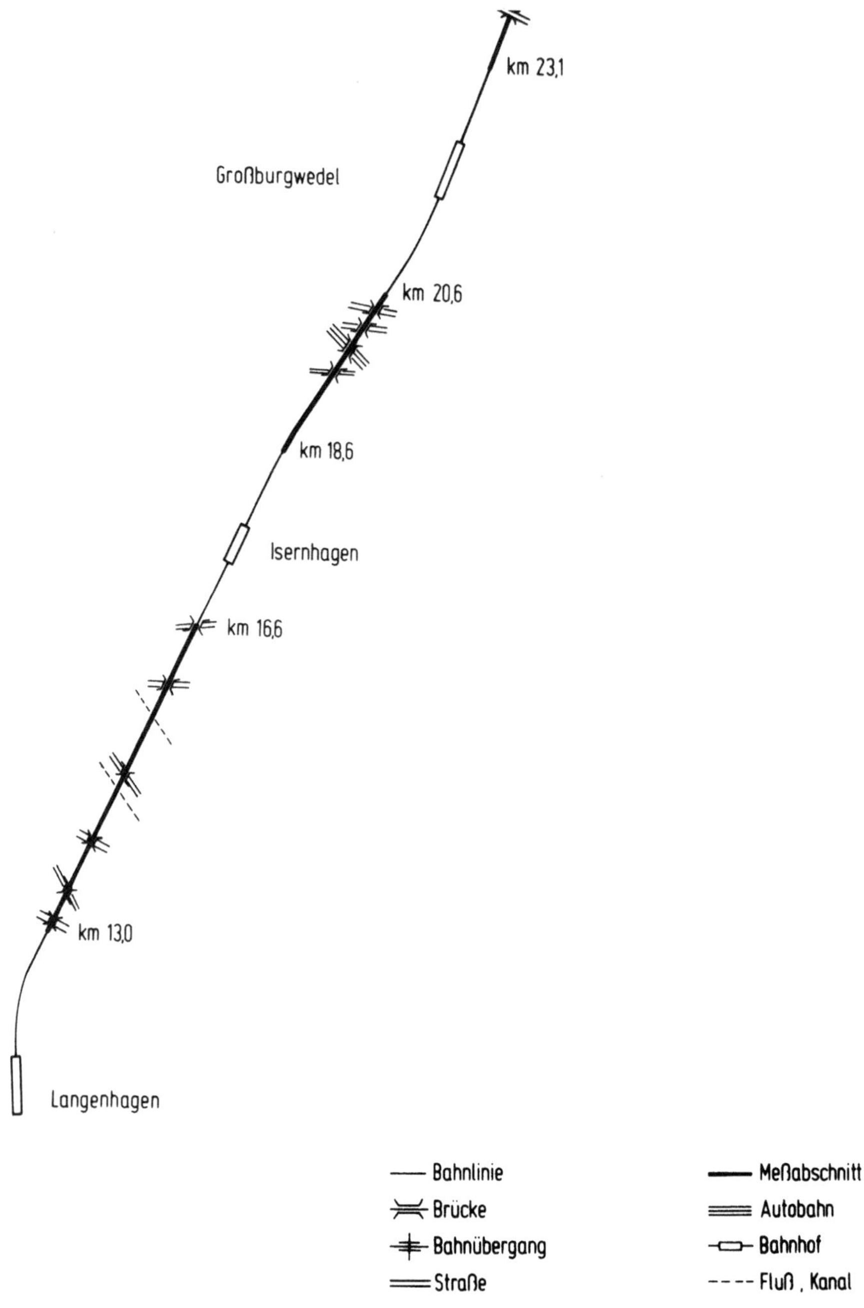

Abb. 10: Lageplan der Versuchsstrecke

Abb. 11: Versuchszug zur Aufnahme der Achsbeschleunigungen im Bahnhof Langenhagen

Abb. 12: Anordnung des Beschleunigungsgebers

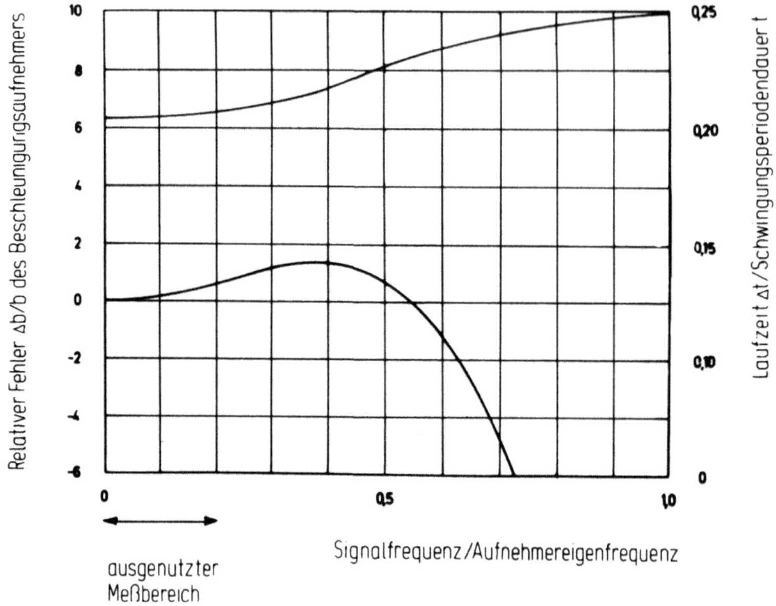

Abb. 13: Beschleunigungsaufnehmer-Charakteristik

Bezeichnung	Symbol	Anlagengleichung	Operation
Koeffizientenpotentiometer	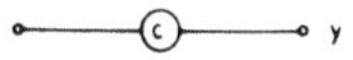	$y = c\,x$ $0 \leq c \leq 1$	Konstantenbildung Multiplikation mit konstanten Koeffiziente kleiner 1
Umkehrverstarker	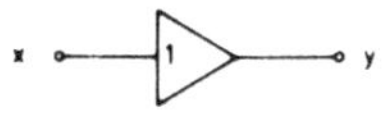	$y = -x$	Vorzeichenumkehr
Additionsverstarker	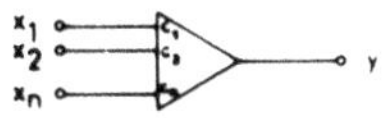	$y = -\sum_{i=1}^{n} c_i\, x_i$	Multiplikation mit konstanten Koeffizienten und Addition
Integrationsverstarker	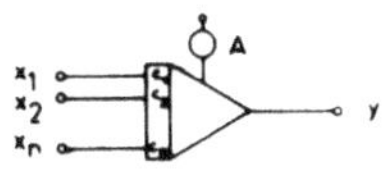	$y = -A - \sum_{i=1}^{n} c_i \int x_i\, dt$	Addition, Multiplikation mit konstanten Koeffizienten und Integration sowie Anfangswertvorgabe
Multiplikator	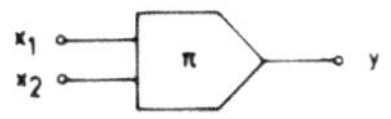	$y = x_1\, x_2$	Multiplikation zweier Funktionen
Funktionsgeber	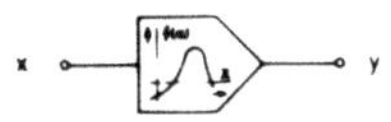	$y = f(x)$	Bildung der Funktion einer Funktion
Dioden		$y = x$ fur $x \geq 0$ $y = 0$ fur $x < 0$ $y = x$ fur $x \leq 0$ $y = 0$ fur $x > 0$	Gleichrichtung
Komparator	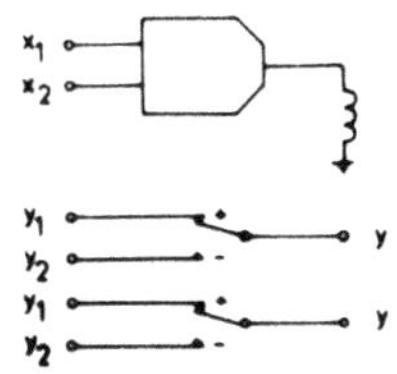	$y = y_1$ fur $x_1 + x_2 > 0$ $y = y_2$ fur $x_1 + x_2 < 0$	logische Entscheidung

Abb. 14: Symbole elektrischer Analogierechenelemente

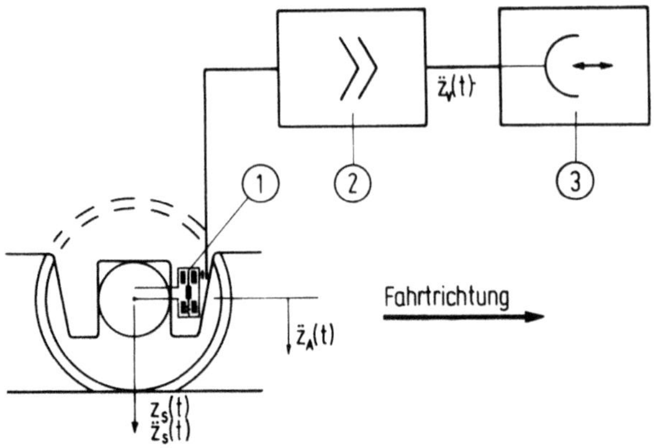

Geräte:

(1) Beschleunigungsaufnehmer

(2) Verstärker

(3) Aufnahmekopf des Bandgerätes mit Datenträger

Bezeichnungen:

z_s Vertikalbewegung der Achse

$\ddot{z}_s$ Vertikalbeschleunigung der Achse

$\ddot{z}_A$ Meßwertspannung des Beschleunigungsaufnehmers

$\ddot{z}_V$ Meßwertspannung nach Verstärkung

Abb. 15: Geräteanordnung mit benutzten Meßwertbezeichnungen bei Aufnahme und Speicherung der Achsbeschleunigungen

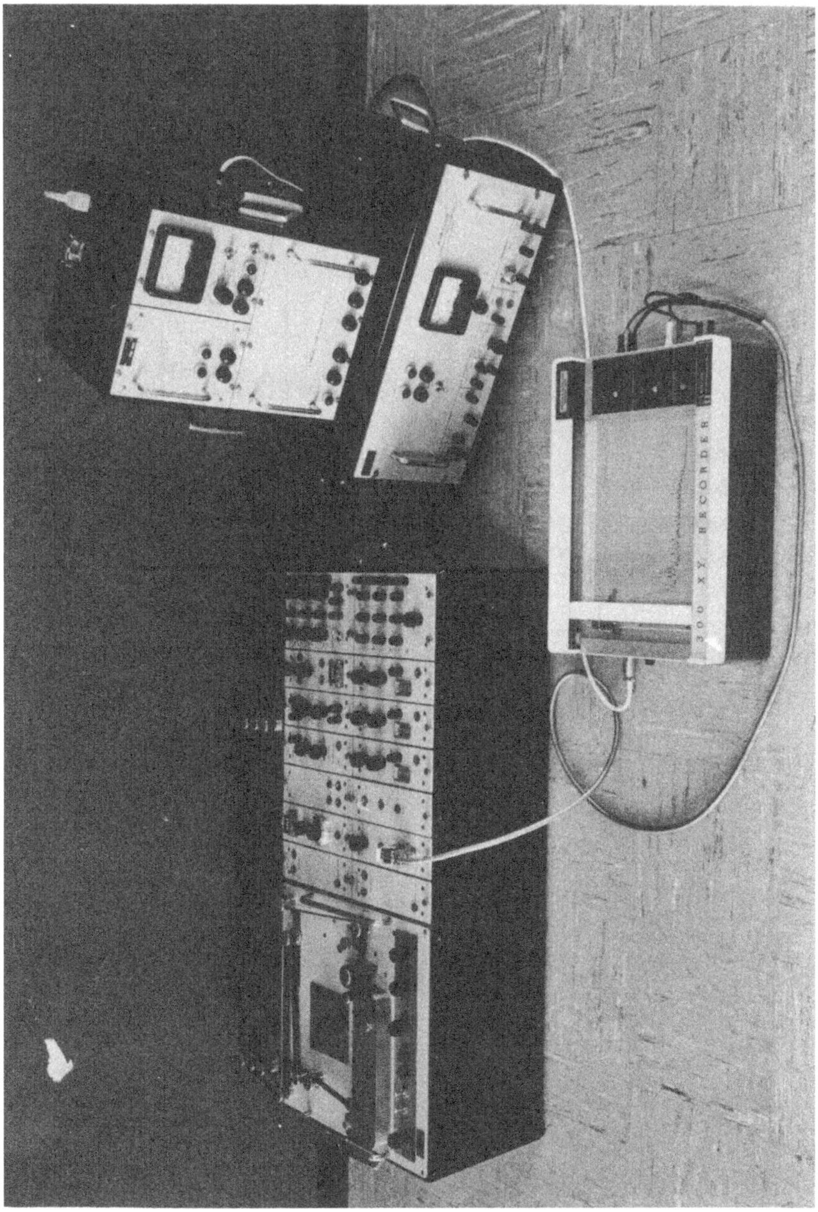

Abb. 16: Statistischer Rechner ISAC

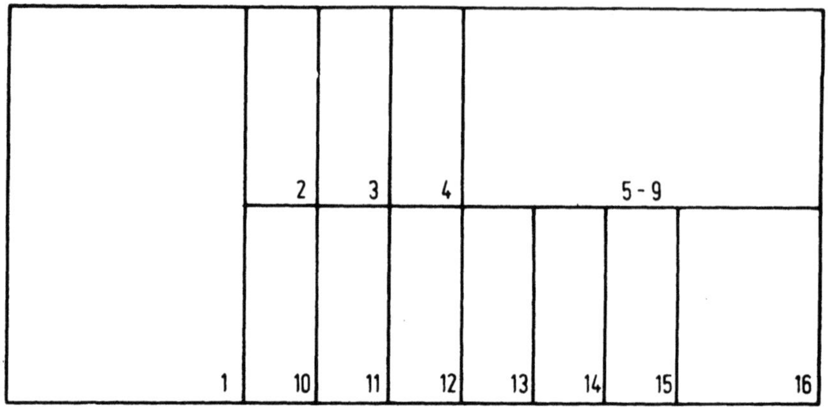

1 = Bandspeicher
2 = Demodulator A
3 = Multiplizierer Integrationssteuerung
4 = Gleichspannungsverstärker
5 = Mischer
6 = Filter
7 = Quadriernetzwerk
8 = Filter
9 = Filter
10 = Demodulator B
11 = Funktionswahlschalter
12 = Amplitudenkomparator
13 = Modulator 1
14 = Modulator 2
15 = Modulator 3
16 = Eingangsverstärker

Abb. 17: Anordnung der Baugruppen des ISAC-Rechners

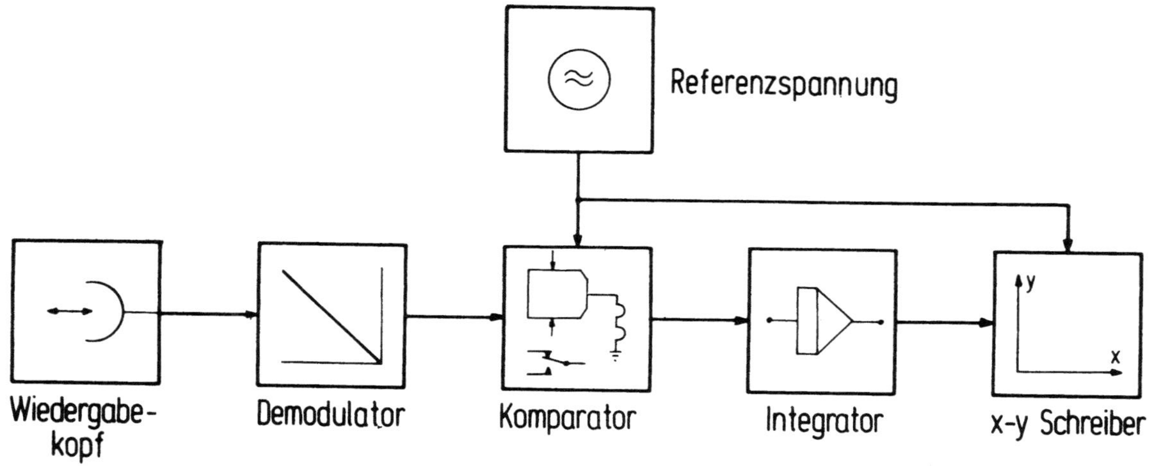

Abb. 18: Benutzter Schaltungsaufbau beim statistischen Rechner ISAC zur Ermittlung der Verteilungsfunktion

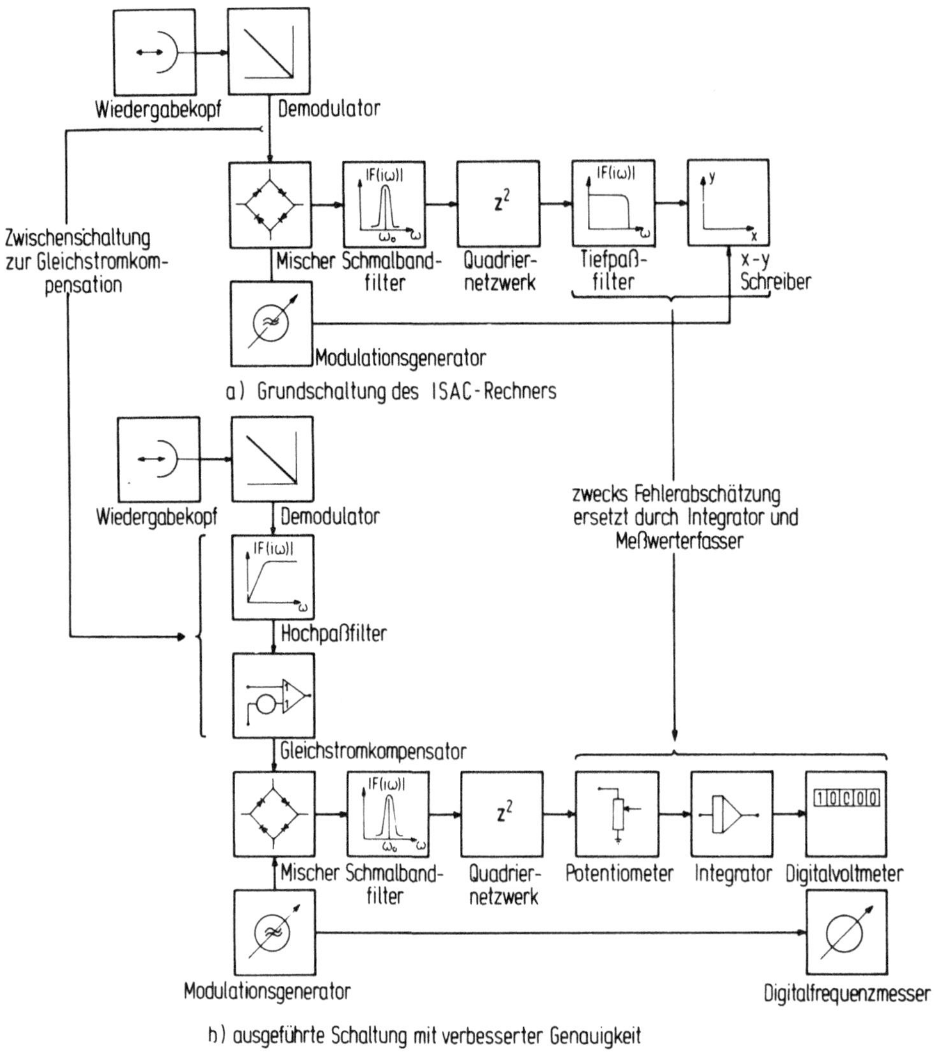

Abb. 19: Grundschaltung und ausgeführte Schaltung bei Ermittlung des Leistungsspektrums

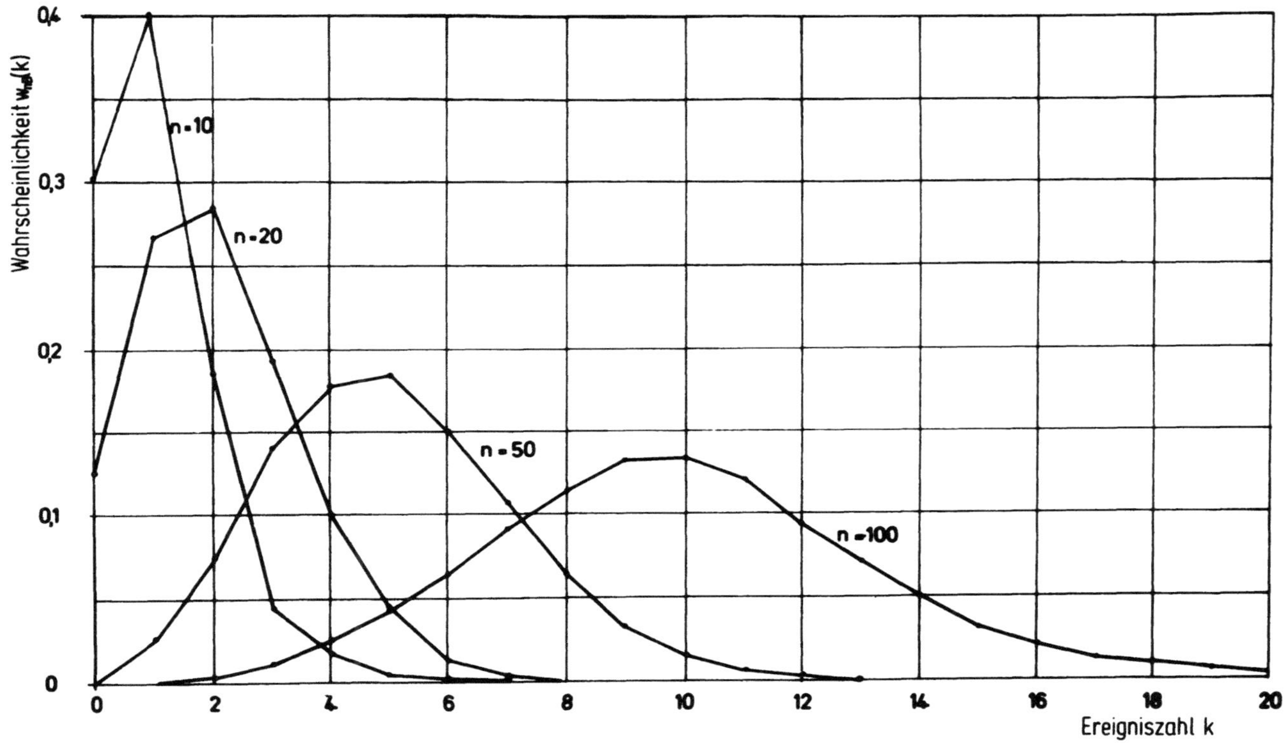

Abb. 20: Binomialverteilung bei verschiedenen Ereigniszahlen

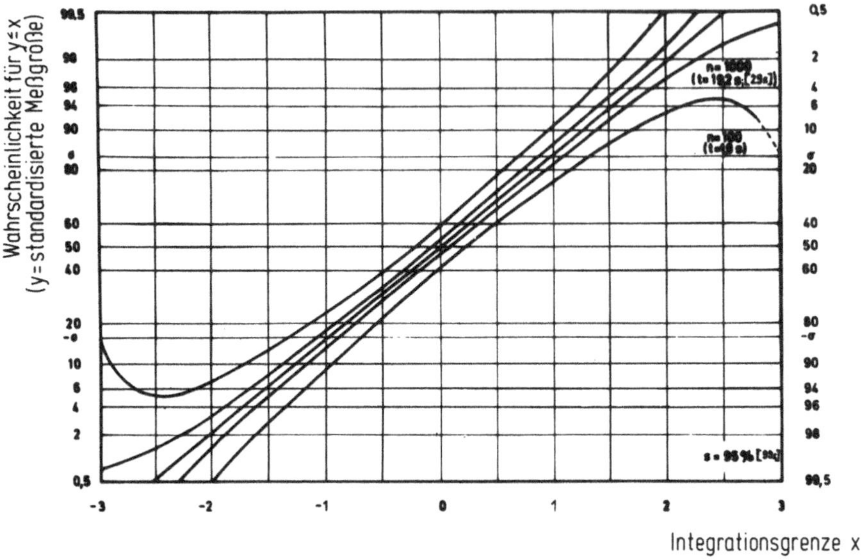

Abb. 21: Vertrauensgrenzen in Abhängigkeit von der Ereigniszahl bzw. Schrieblänge bei Auswertung der Achsbeschleunigungen

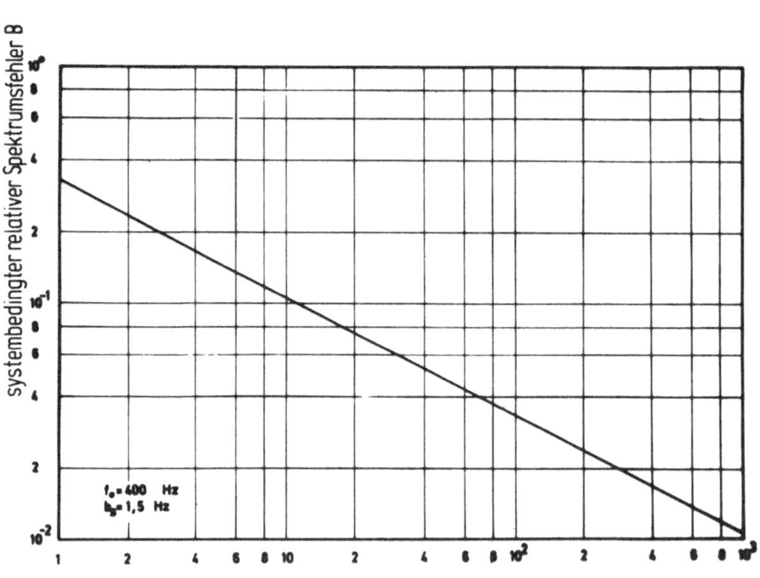

Abb. 22: Normierte quadratische Abweichung der Meßwerte des Fourierspektrums in Abhängigkeit von der Auswertdauer

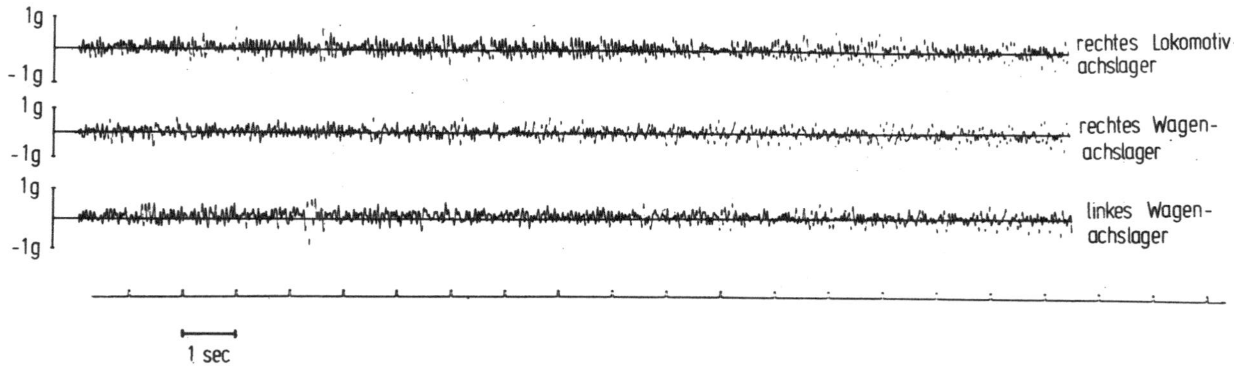

Abb. 23: Schriebe der Achslagerbeschleunigungen am 1. Radsatz

Meßstrecke : Langenhagen-Celle
Meßabschnitt : km 30 - km 23,1
Geschwindigkeit: V = 70 km/h
Oberbau : K49 1588 Hh

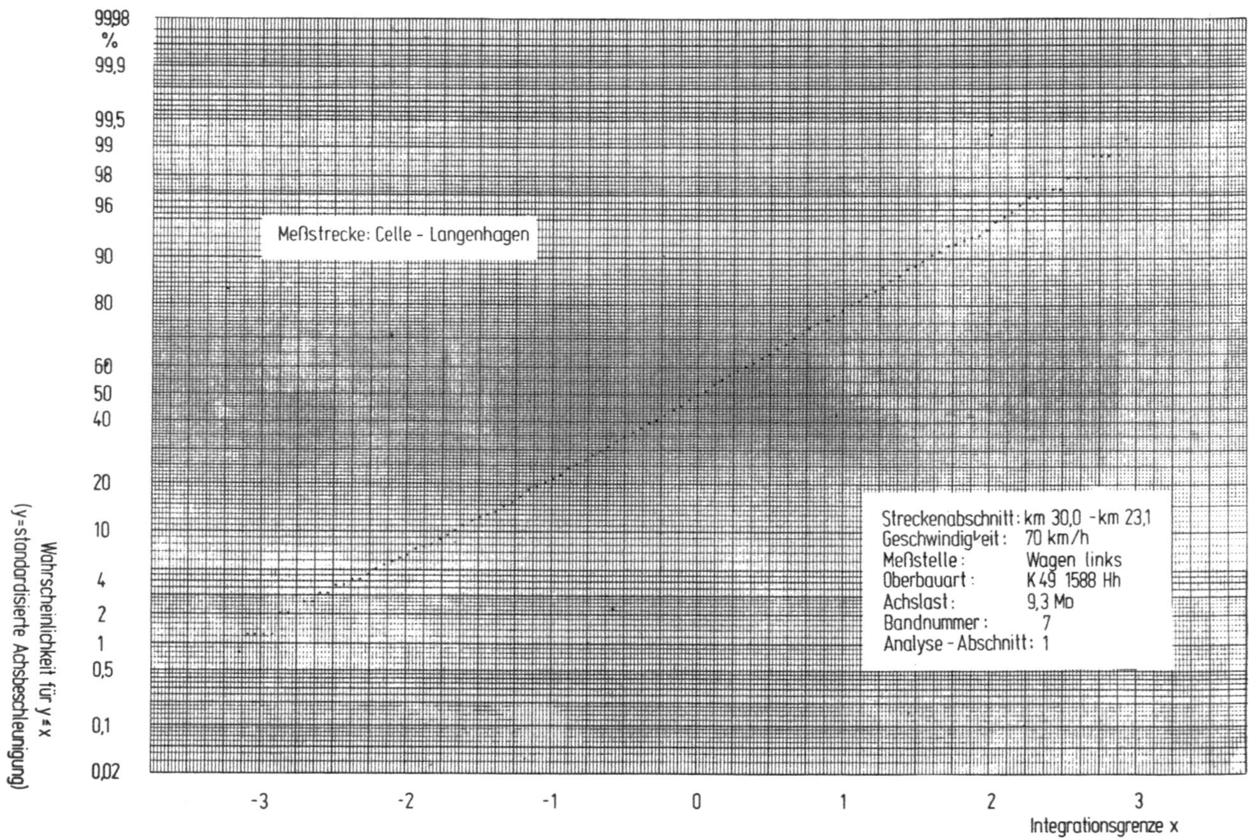

Abb. 24a: Normierte Verteilungsfunktion der Achsbeschleunigungen

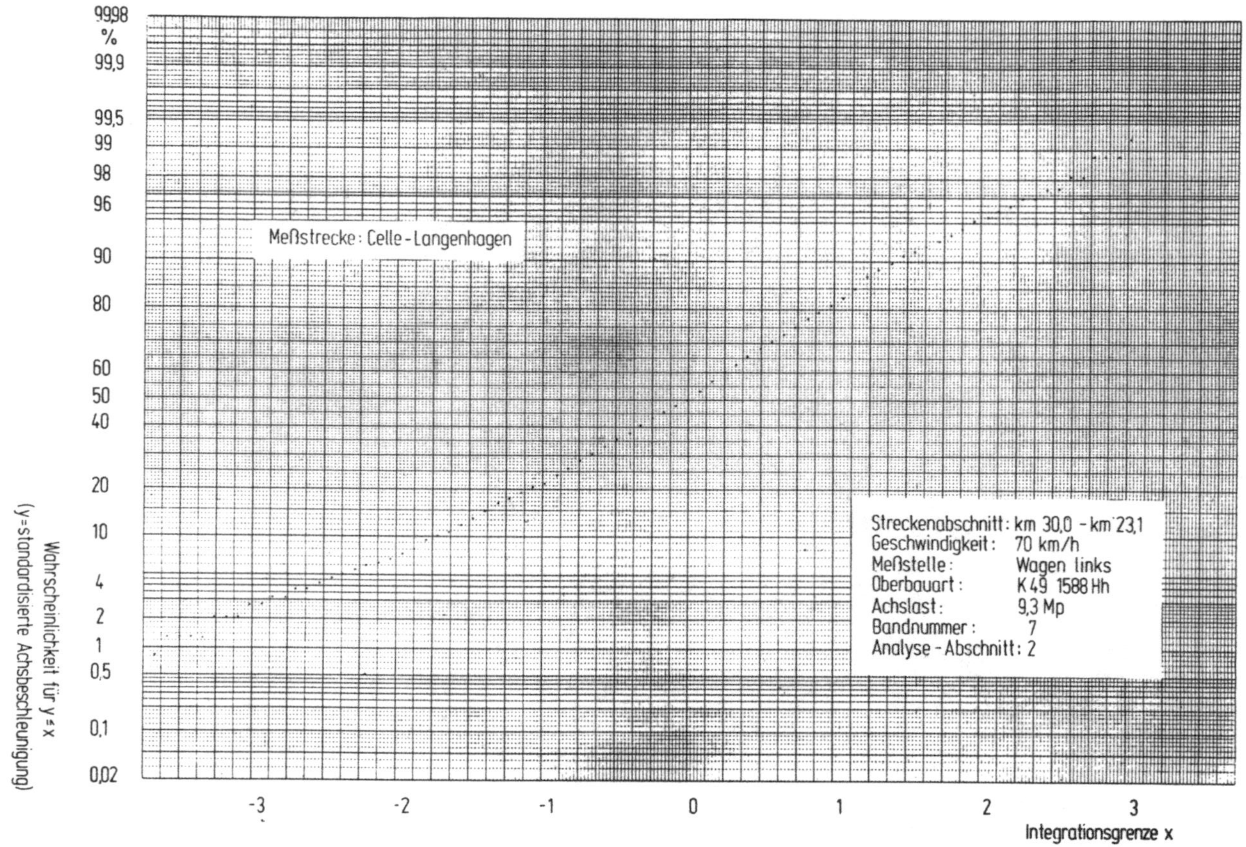

Abb. 24b: Normierte Verteilungsfunktion der Achsbeschleunigungen

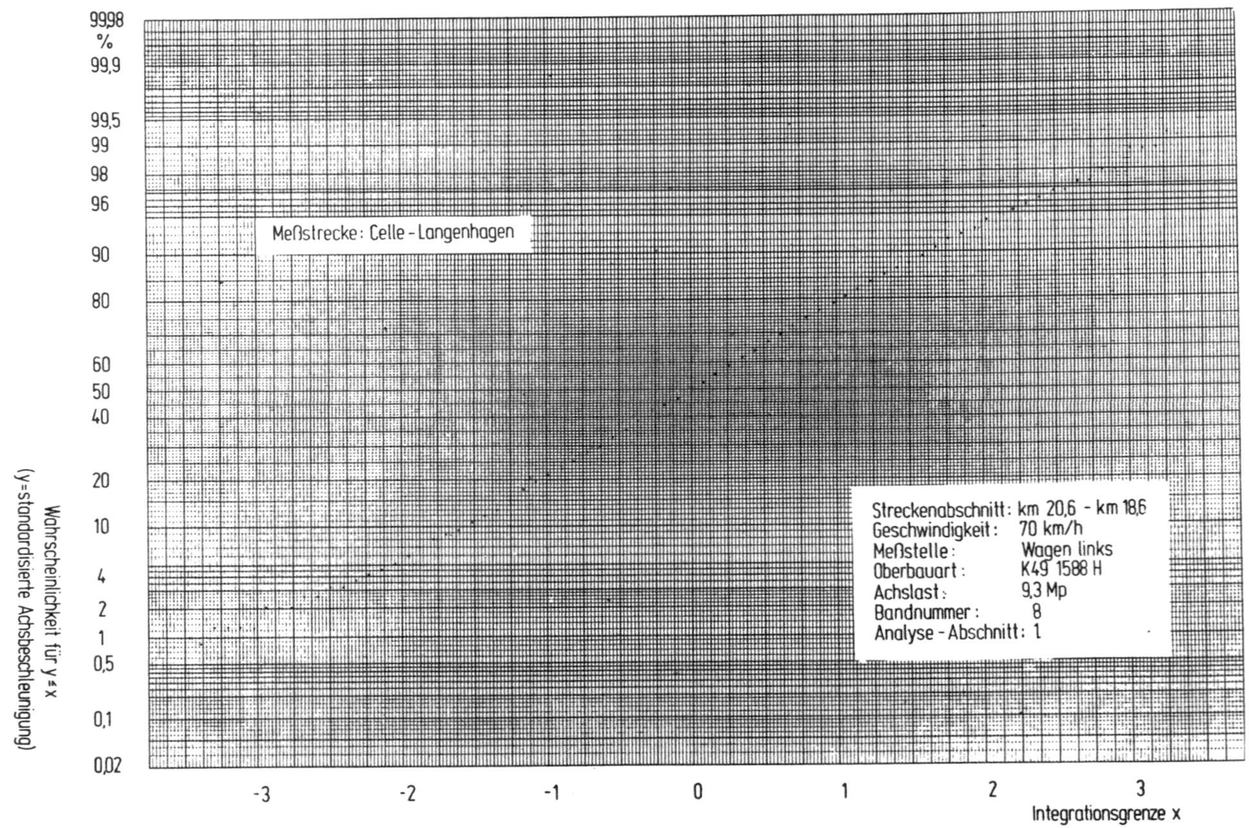

Abb. 25a: Normierte Verteilungsfunktion der Achsbeschleunigungen

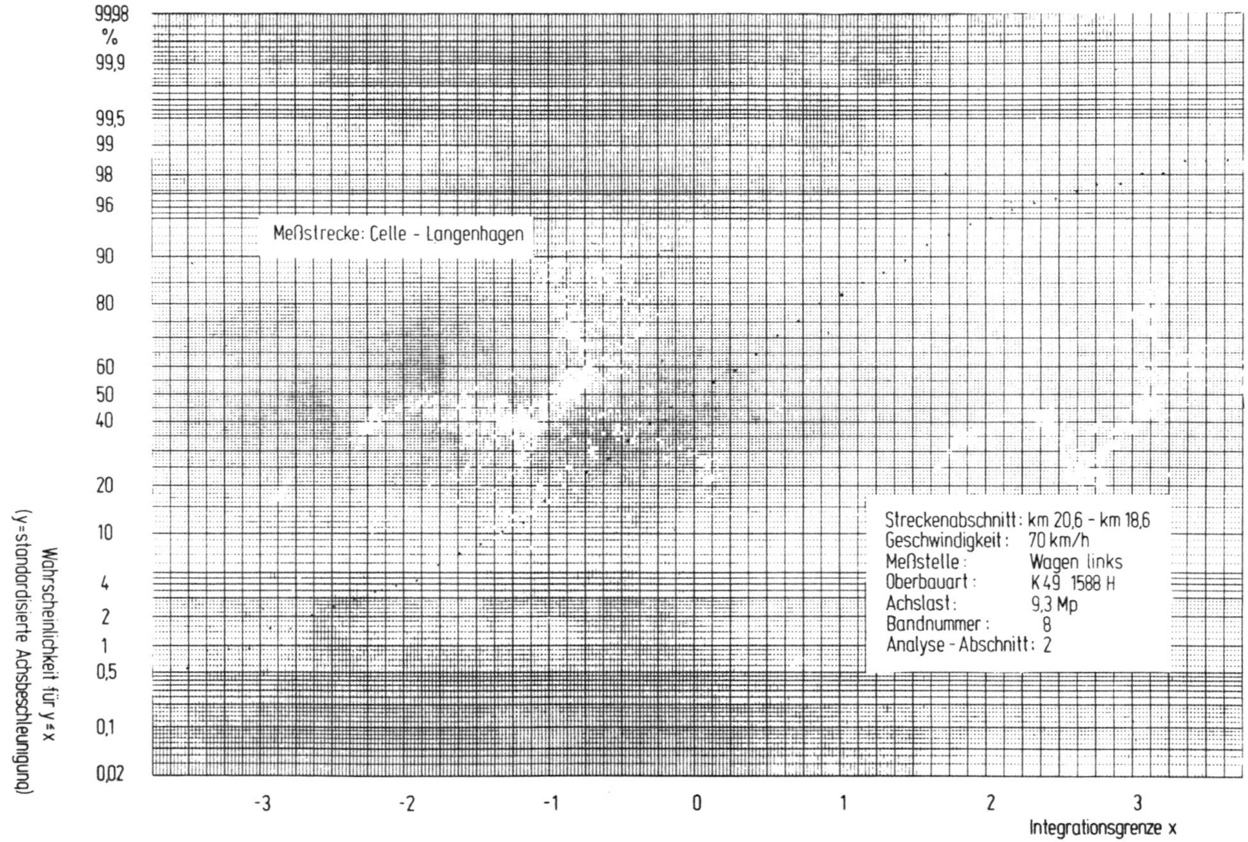

Abb. 25b: Normierte Verteilungsfunktion der Achsbeschleunigungen

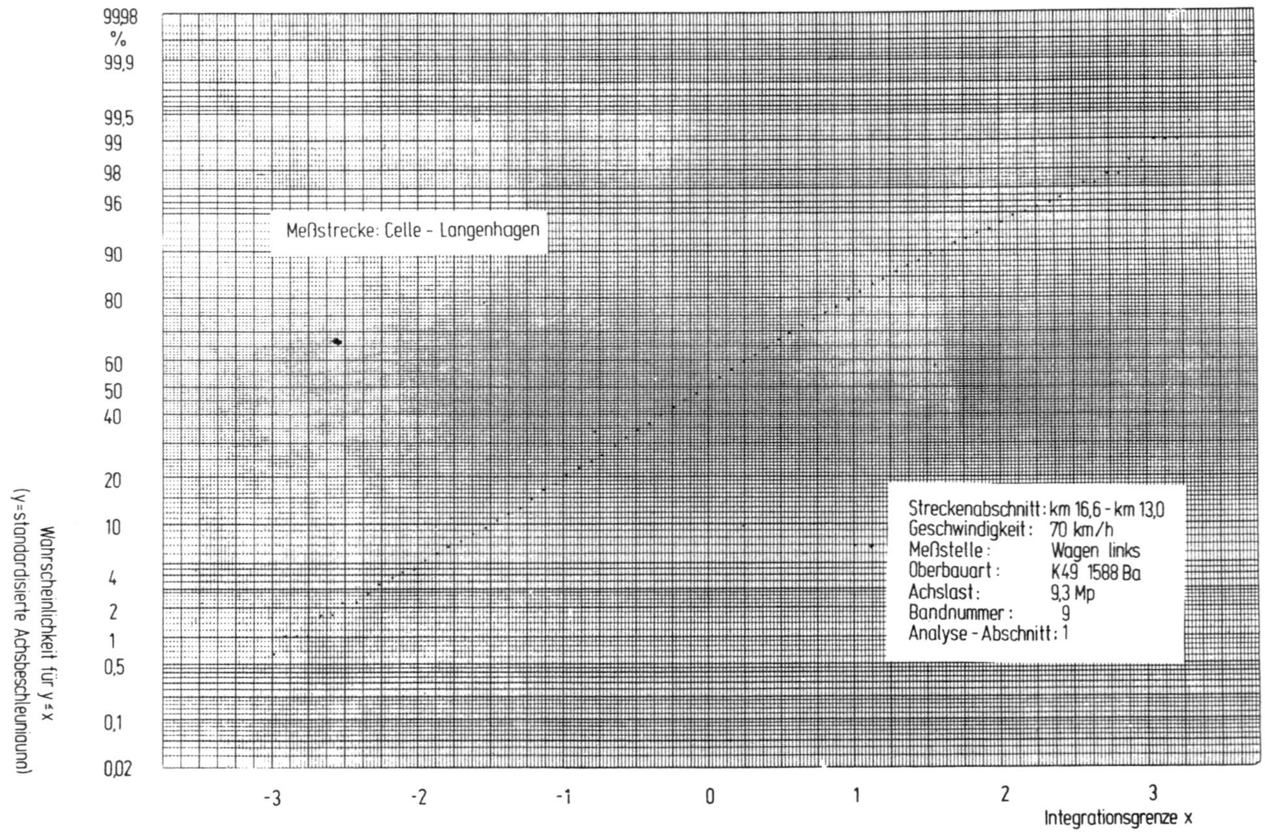

Abb. 26a: Normierte Verteilungsfunktion der Achsbeschleunigungen

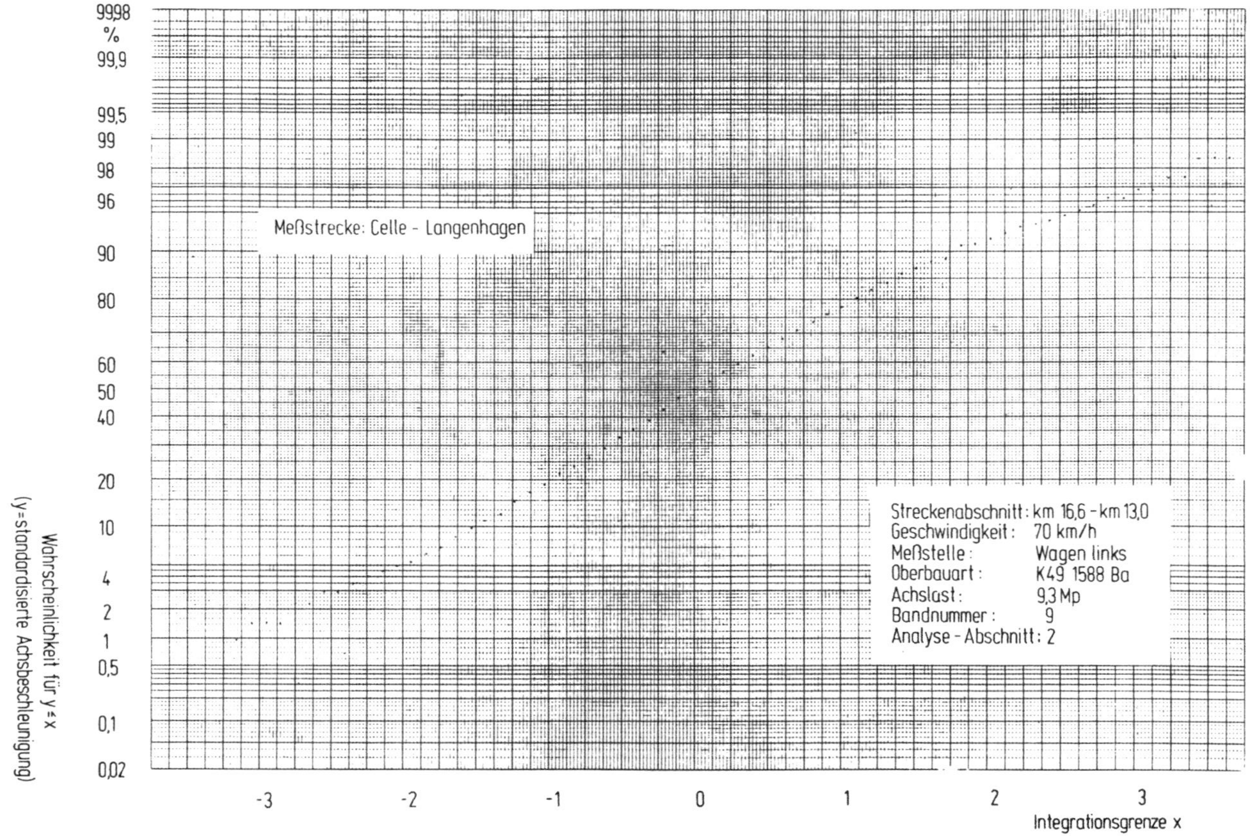

Abb. 26b: Normierte Verteilungsfunktion der Achsbeschleunigungen

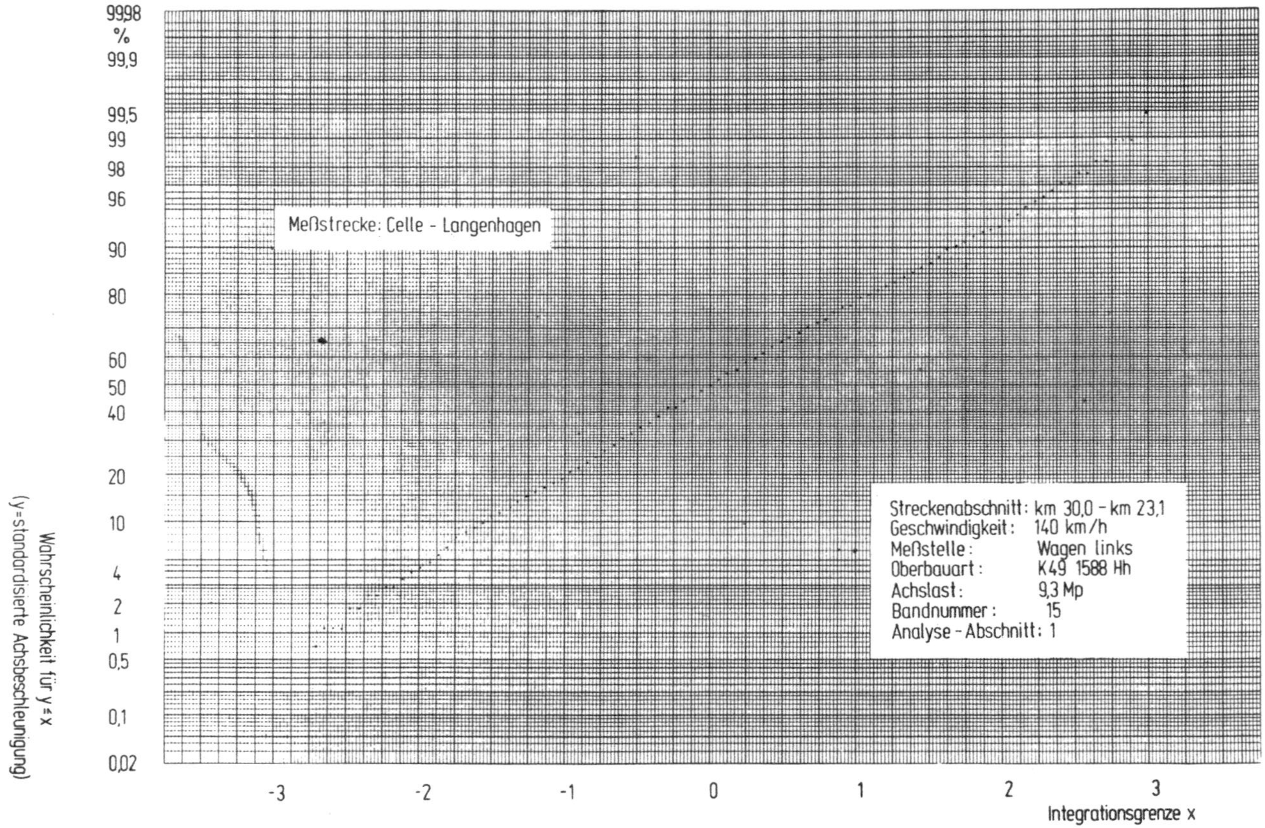

Abb. 27a: Normierte Verteilungsfunktion der Achsbeschleunigungen

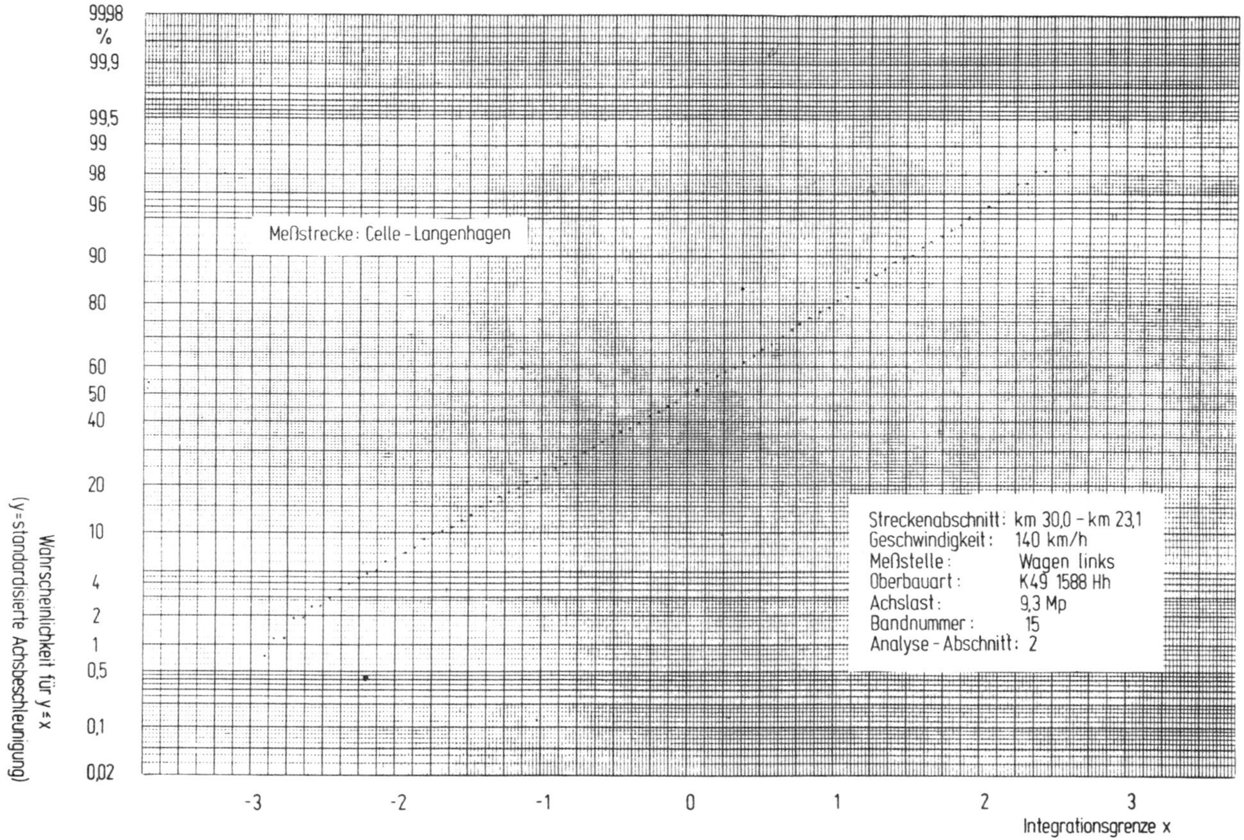

Abb. 27b: Normierte Verteilungsfunktion der Achsbeschleunigungen

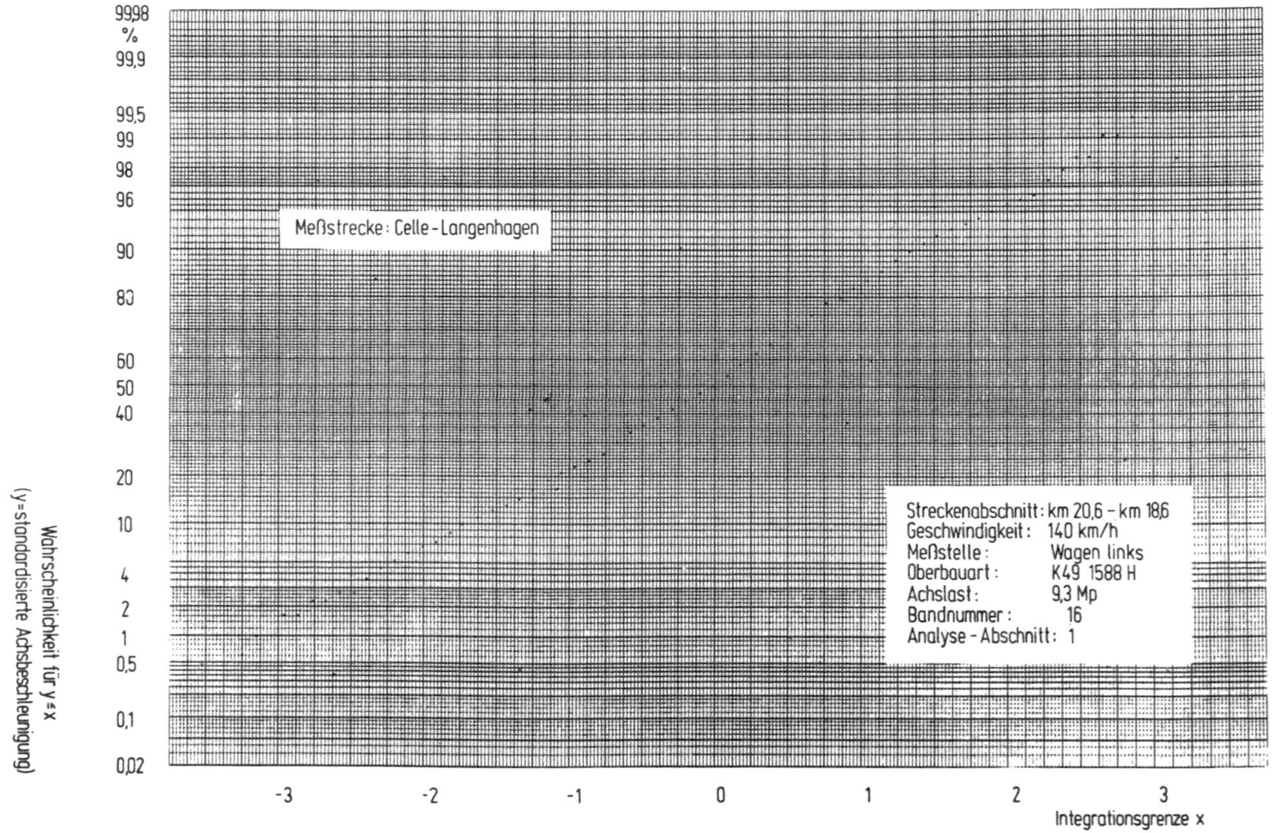

Abb. 28a: Normierte Verteilungsfunktion der Achsbeschleunigungen

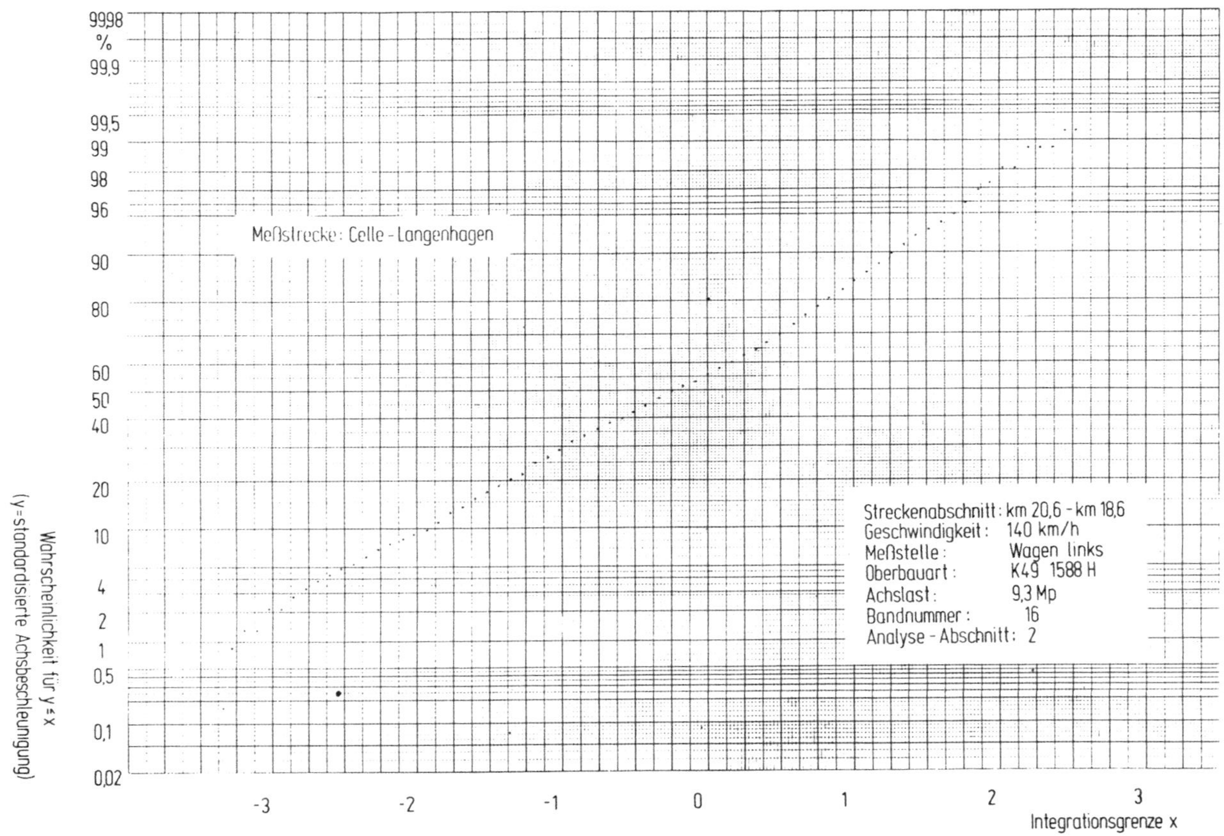

Abb. 28b: Normierte Verteilungsfunktion der Achsbeschleunigungen

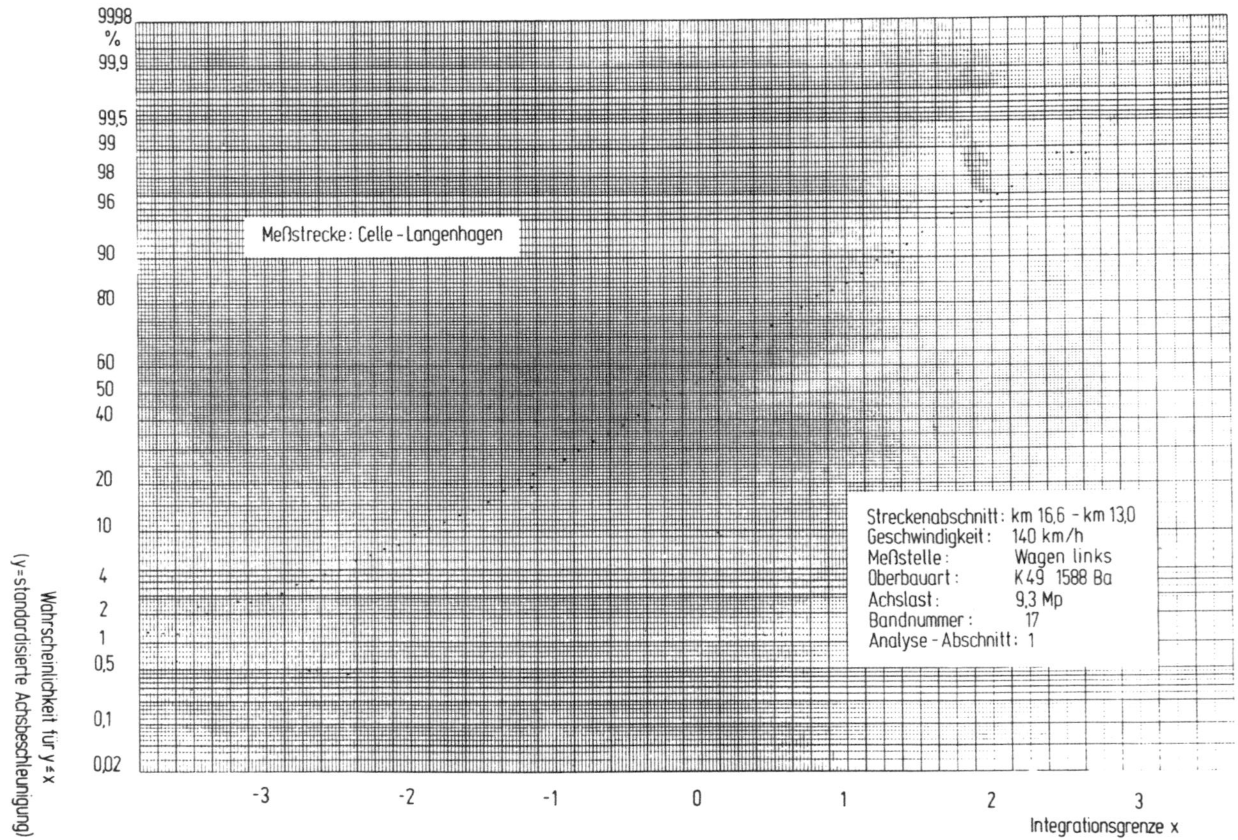

Abb. 29a: Normierte Verteilungsfunktion der Achsbeschleunigungen

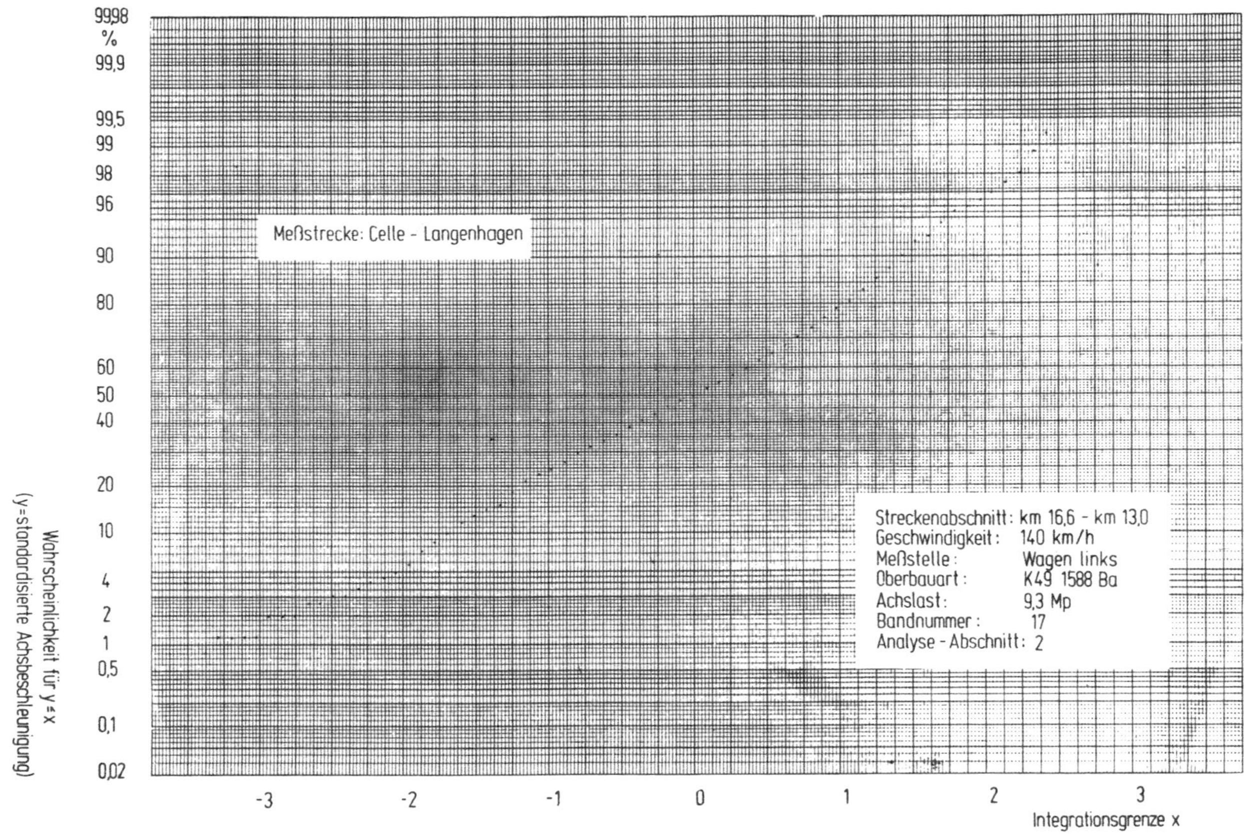

Abb. 29b: Normierte Verteilungsfunktion der Achsbeschleunigungen

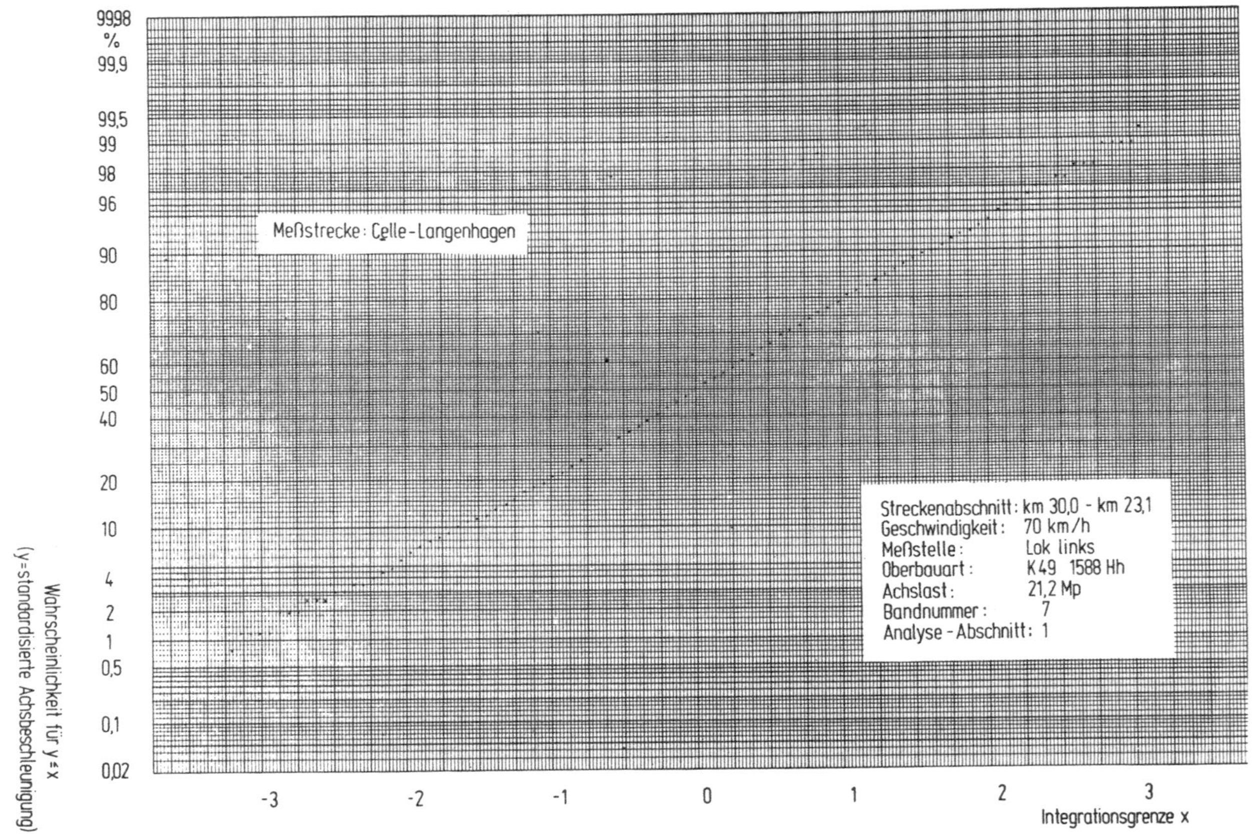

Abb. 30a: Normierte Verteilungsfunktion der Achsbeschleunigungen

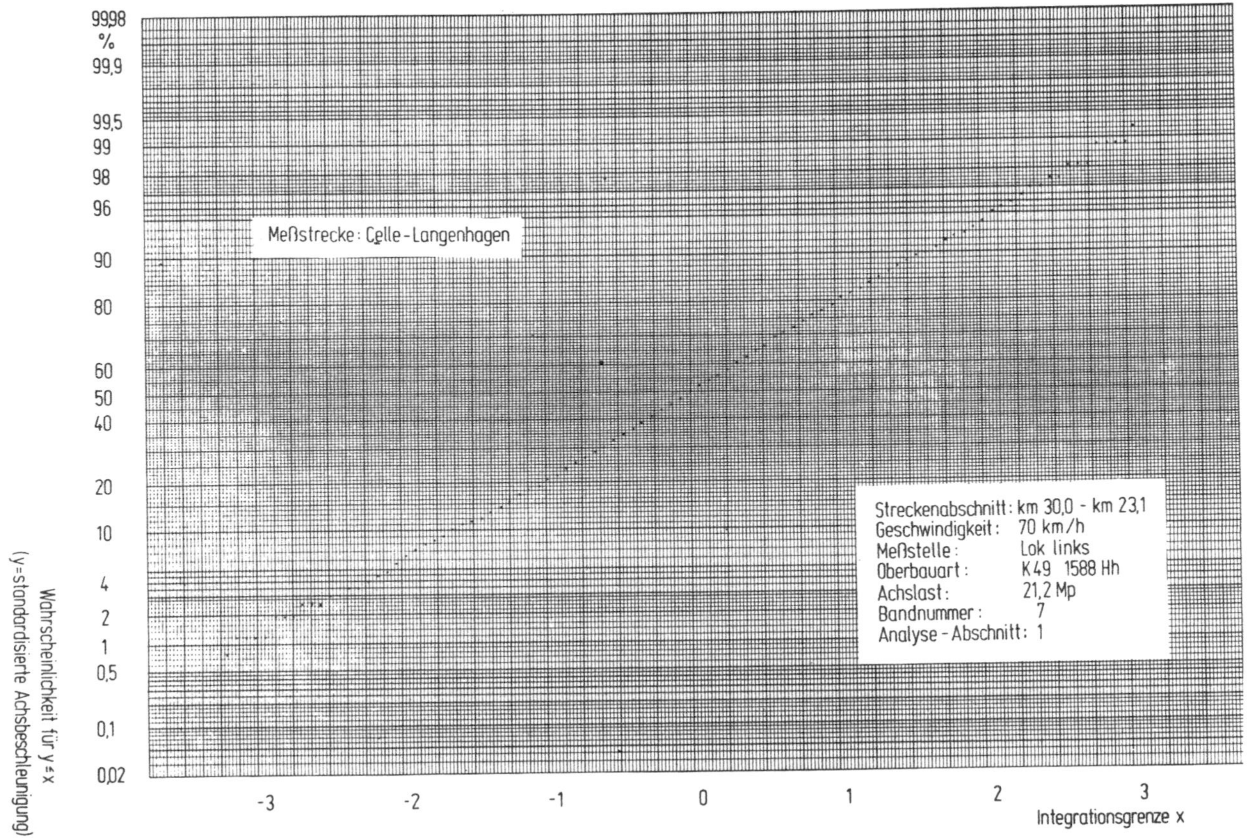

Abb. 30a: Normierte Verteilungsfunktion der Achsbeschleunigungen

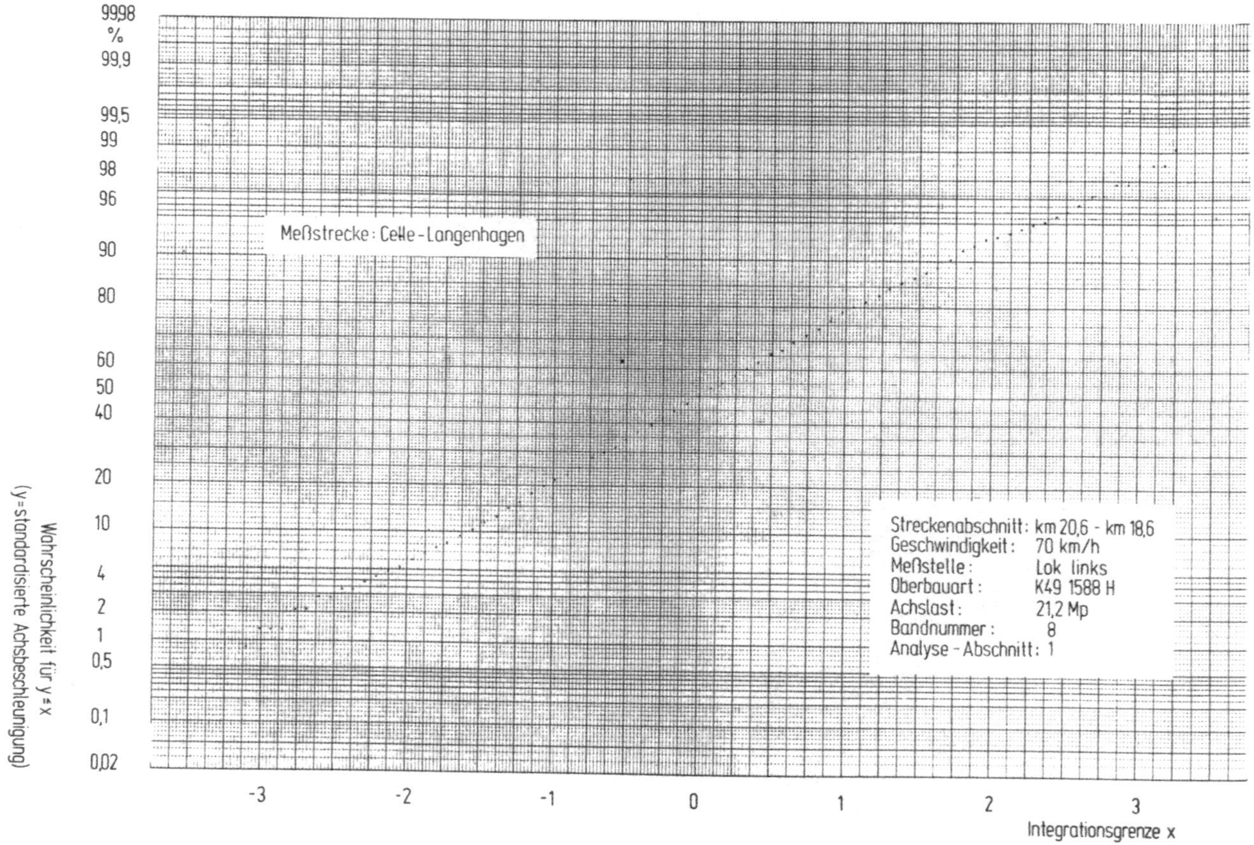

Abb. 31a: Normierte Verteilungsfunktion der Achsbeschleunigungen

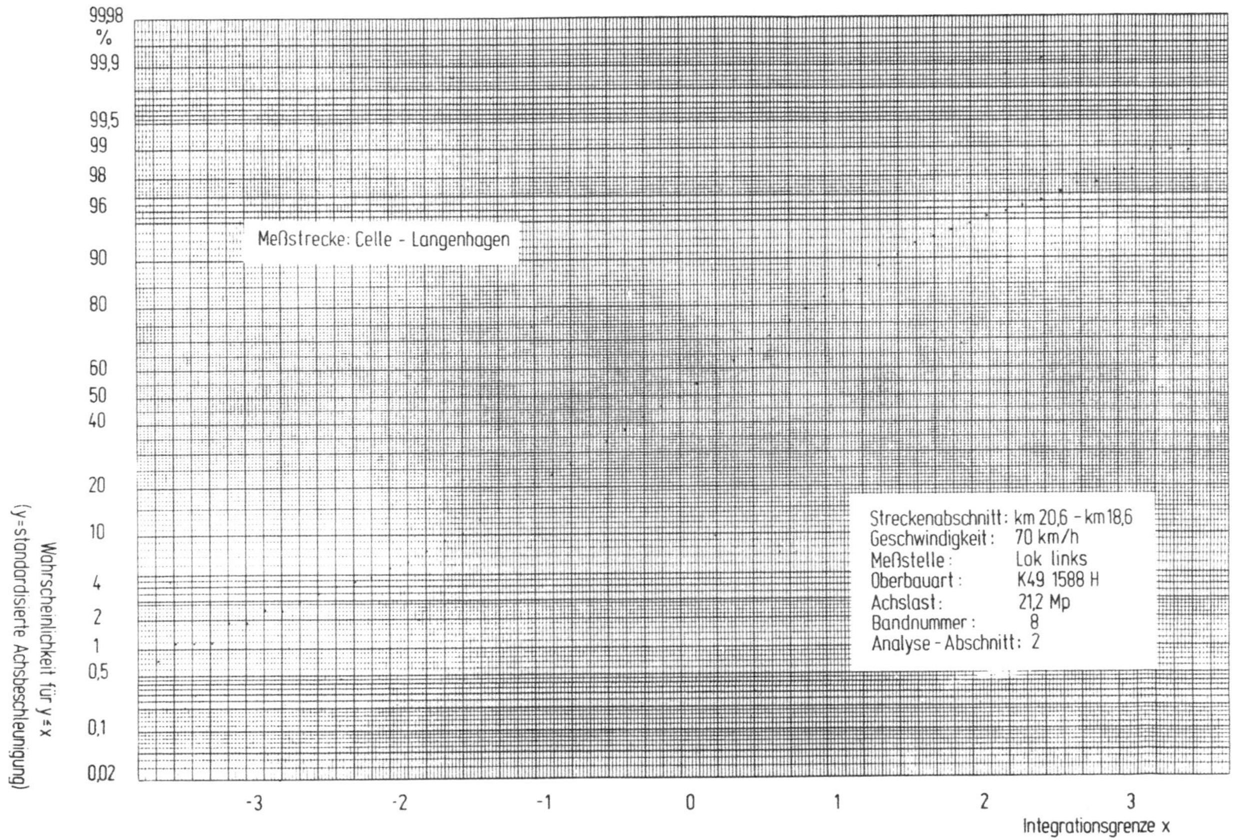

Abb. 31b: Normierte Verteilungsfunktion der Achsbeschleunigungen

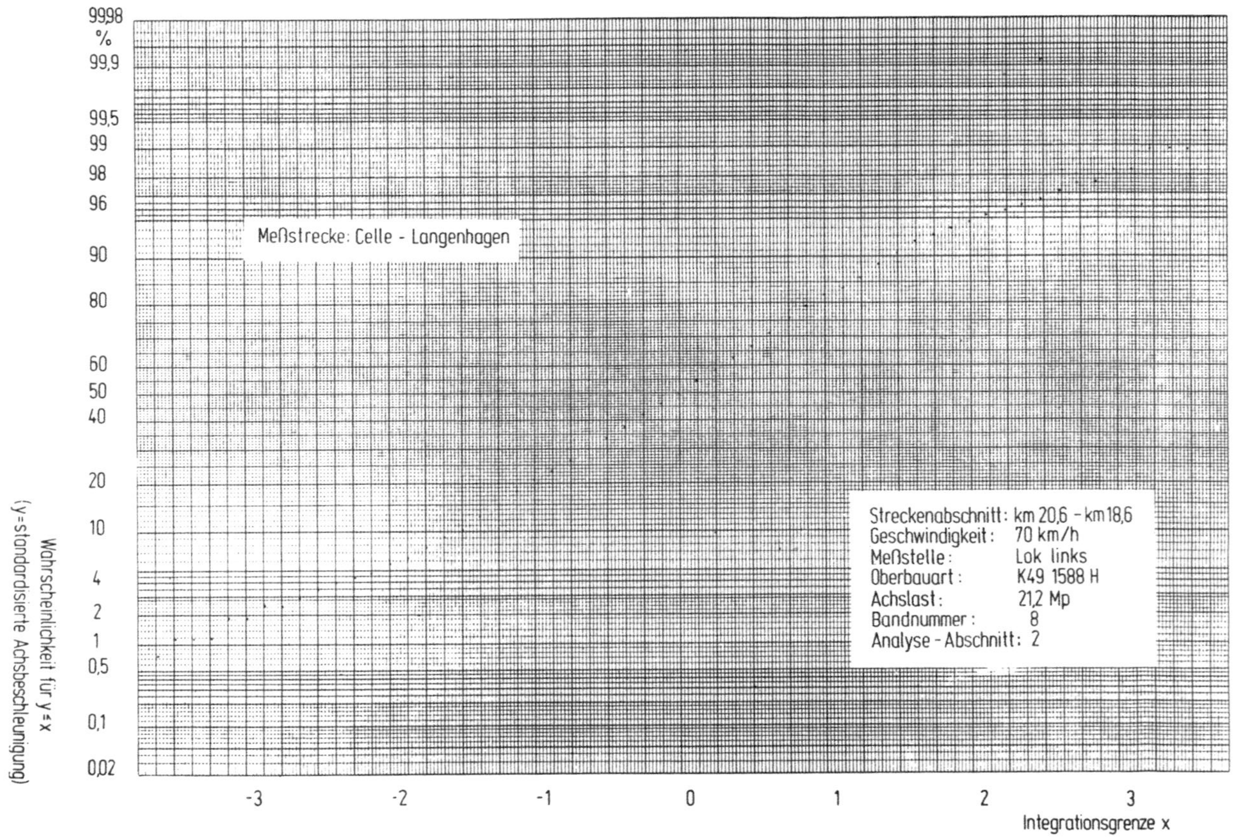

Abb. 31b: Normierte Verteilungsfunktion der Achsbeschleunigungen

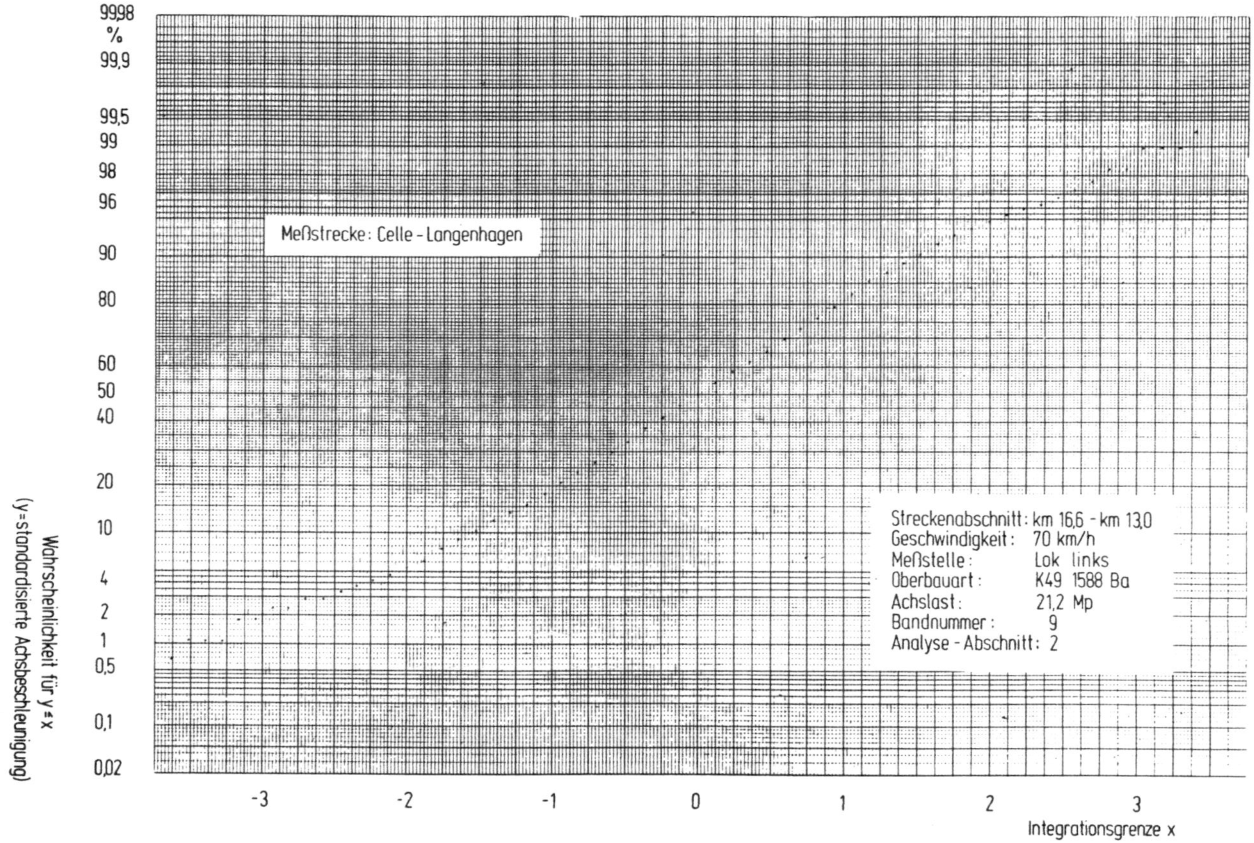

Abb. 32b: Normierte Verteilungsfunktion der Achsbeschleunigungen

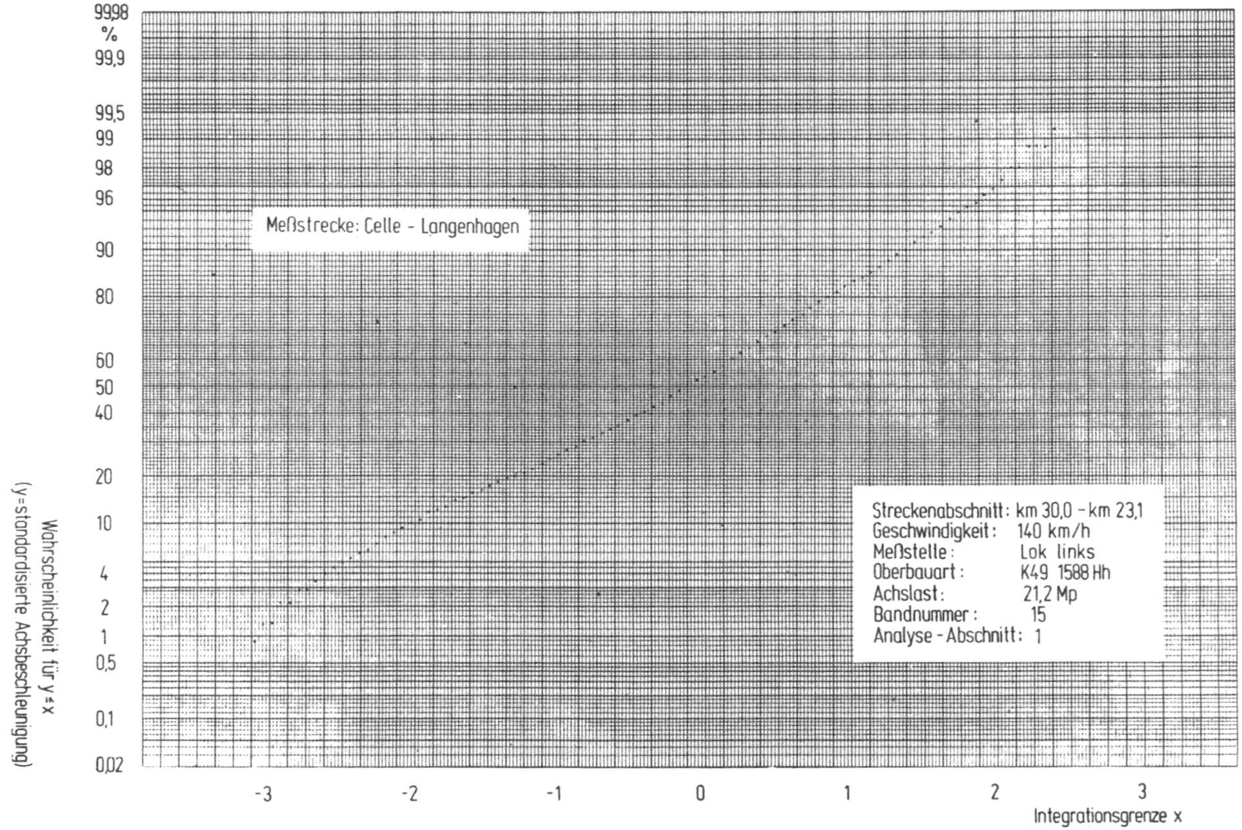

Abb. 33a: Normierte Verteilungsfunktion der Achsbeschleunigungen

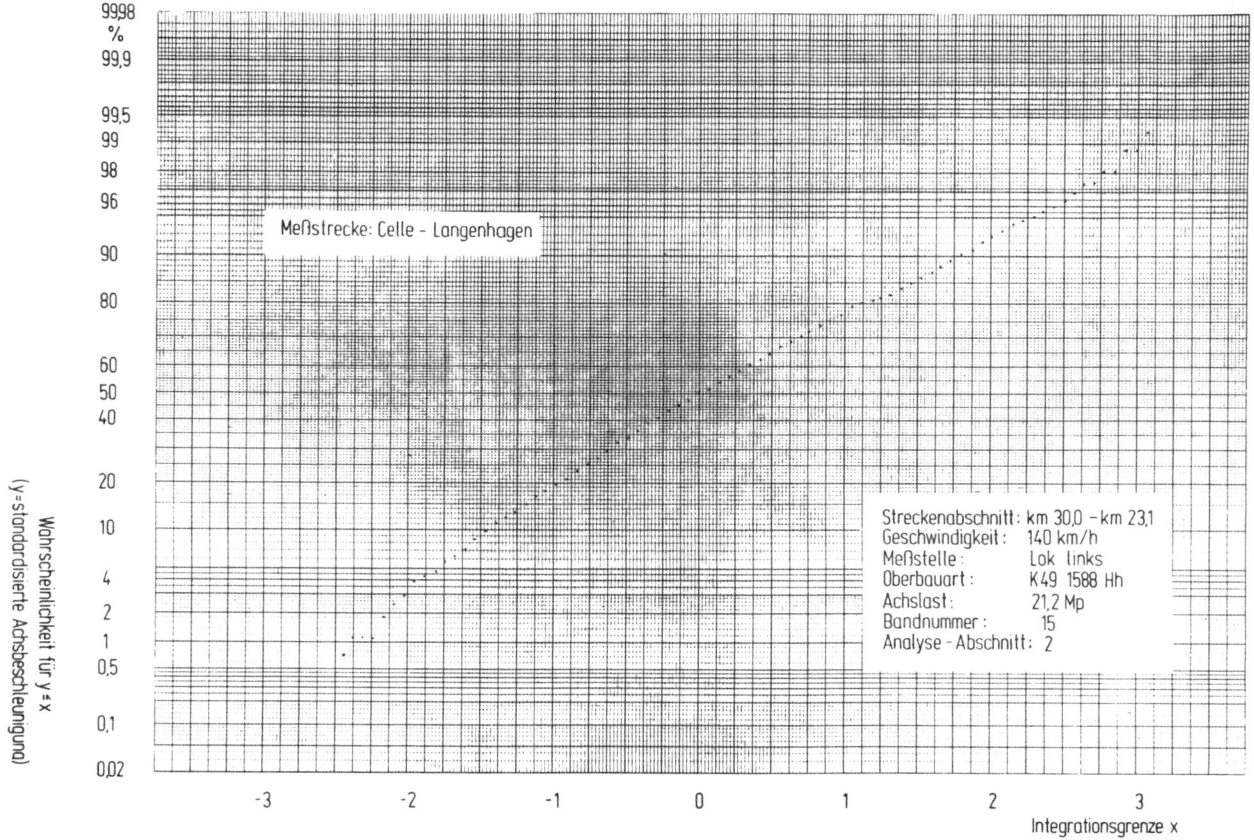

Abb. 33b: Normierte Verteilungsfunktion der Achsbeschleunigungen

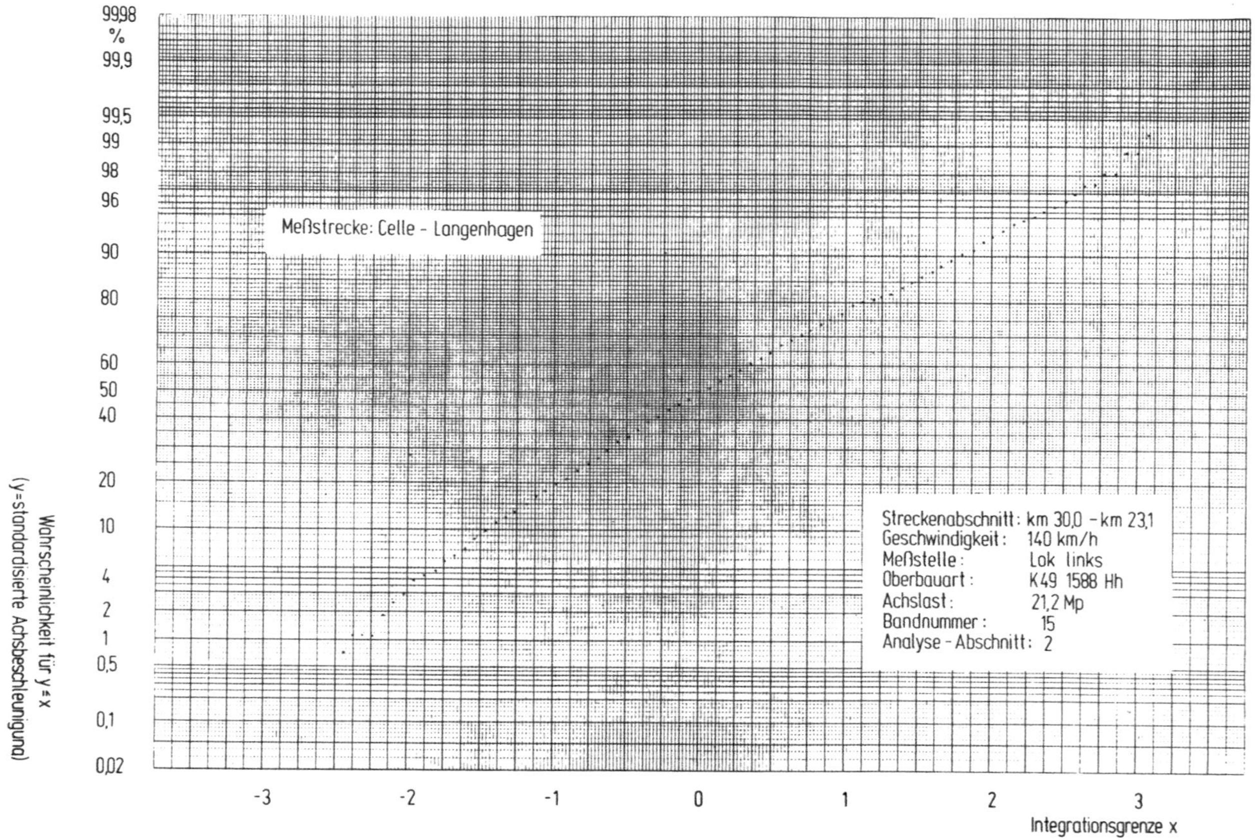

Abb. 33b: Normierte Verteilungsfunktion der Achsbeschleunigungen

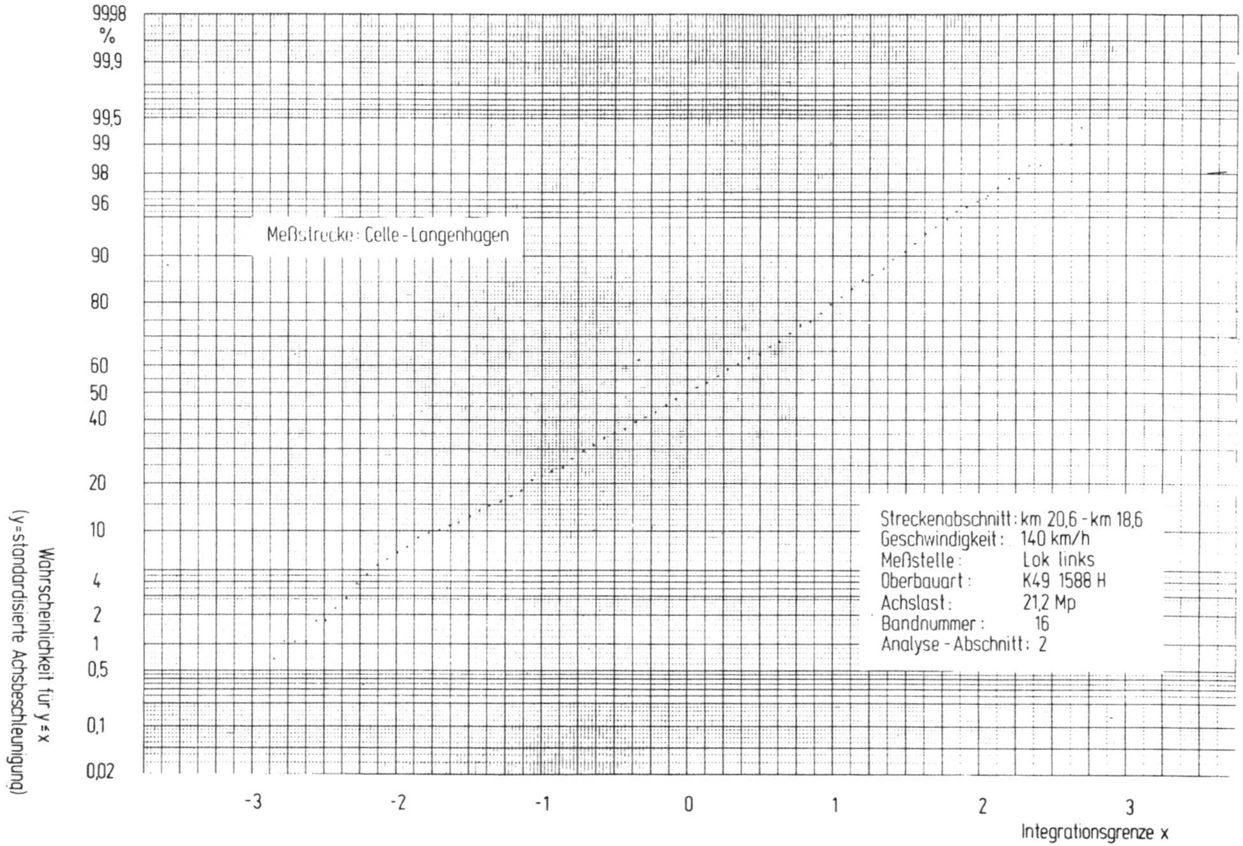

Abb. 34b: Normierte Verteilungsfunktion der Achsbeschleunigungen

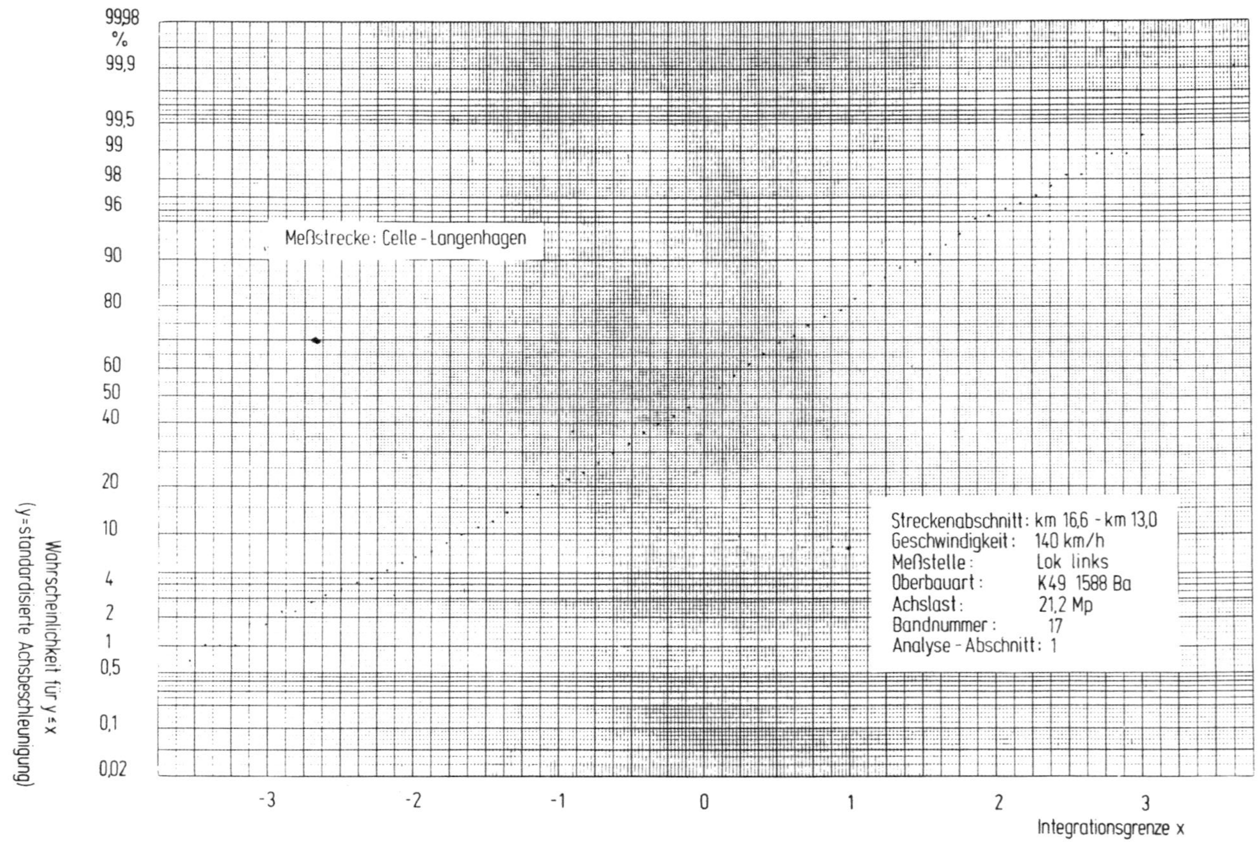

Abb. 35a: Normierte Verteilungsfunktion der Achsbeschleunigungen

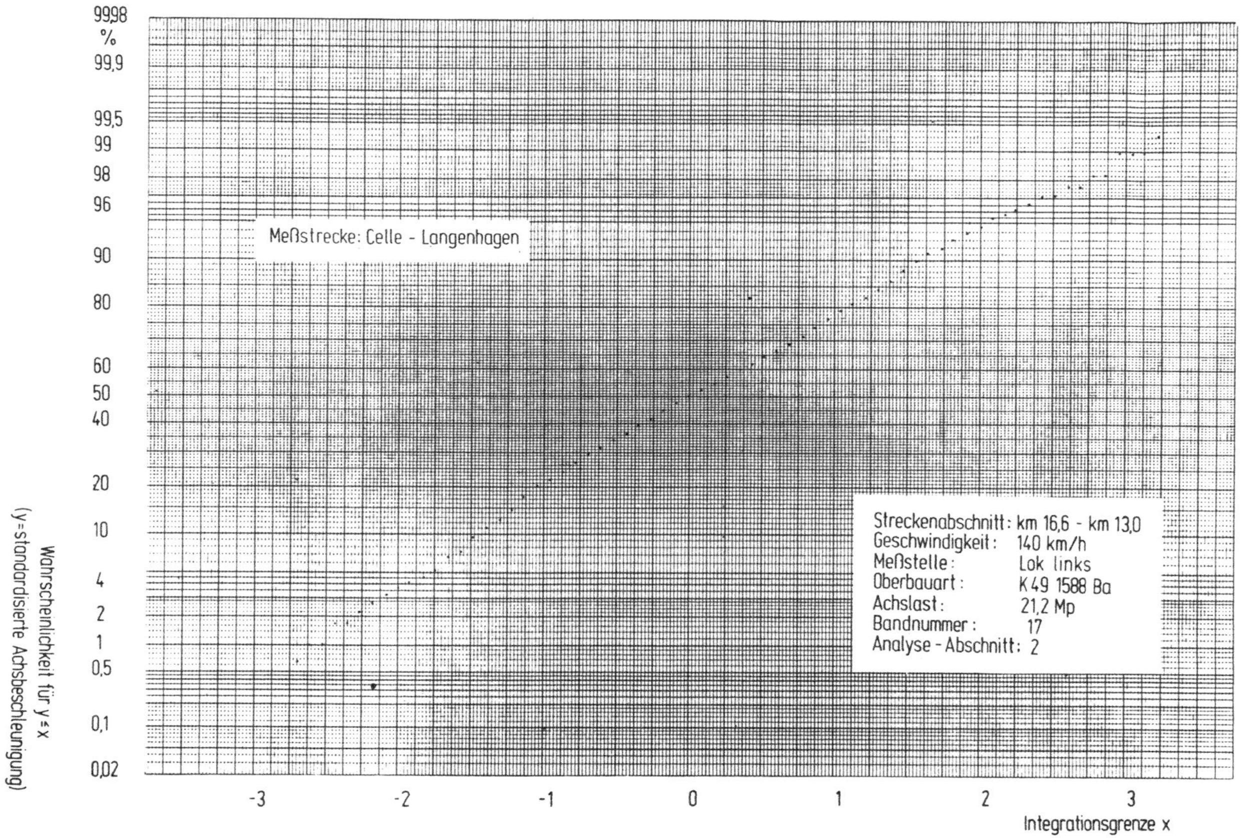

Abb. 35b: Normierte Verteilungsfunktion der Achsbeschleunigungen

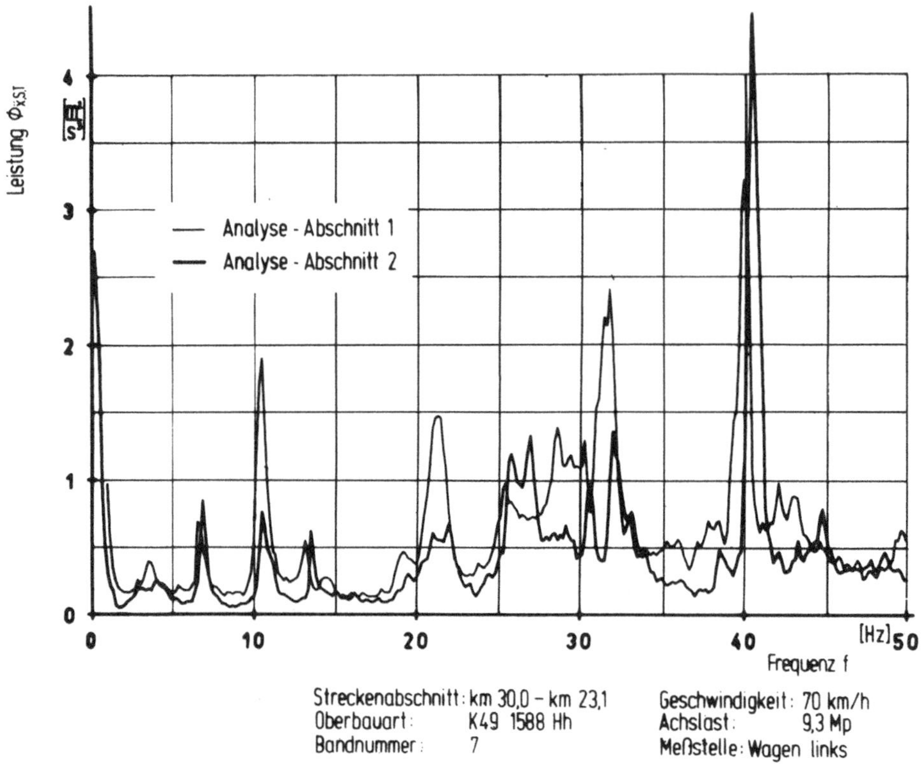

Abb. 36a: Leistungsspektrum der Achsbeschleunigungen
Meßstrecke: Celle - Langenhagen

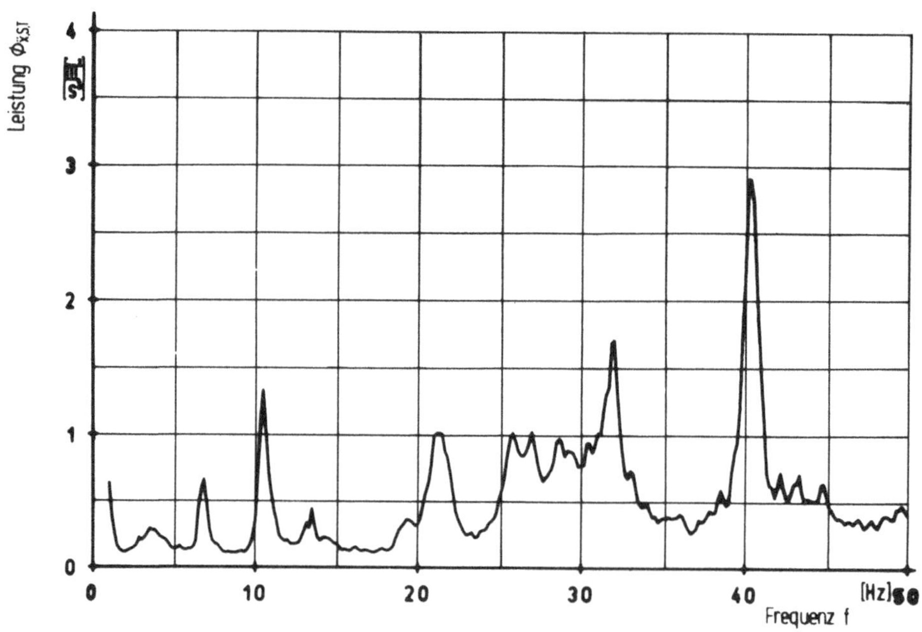

Abb. 36b: Leistungsspektrum der Achsbeschleunigungen
Mittelwert aus Analyse - Abschnitt 1 und 2

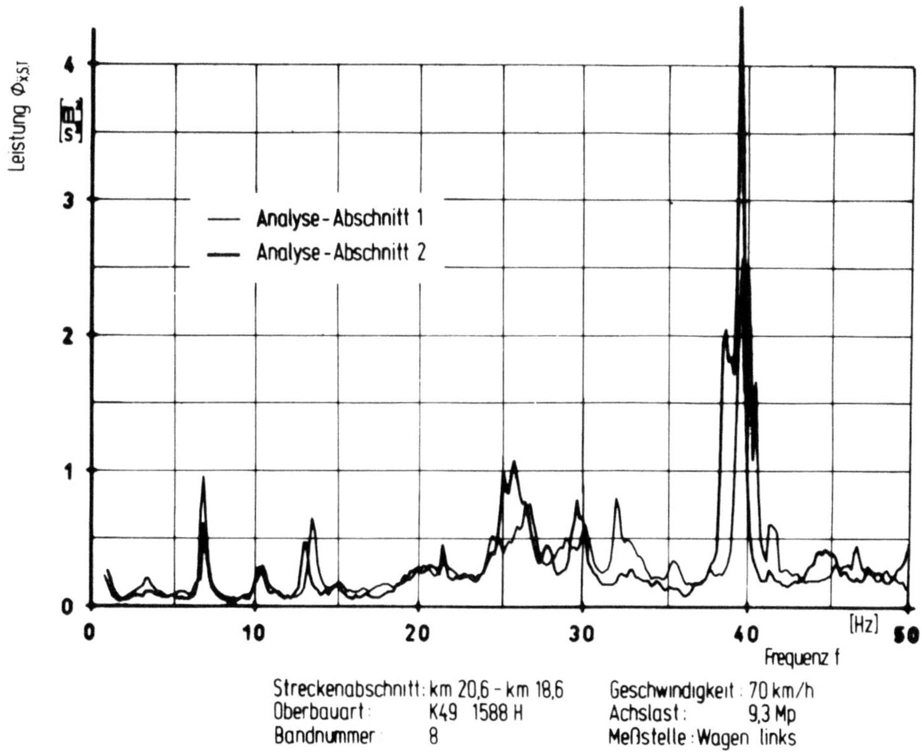

Abb. 37a: Leistungsspektrum der Achsbeschleunigungen
Meßstrecke: Celle - Langenhagen

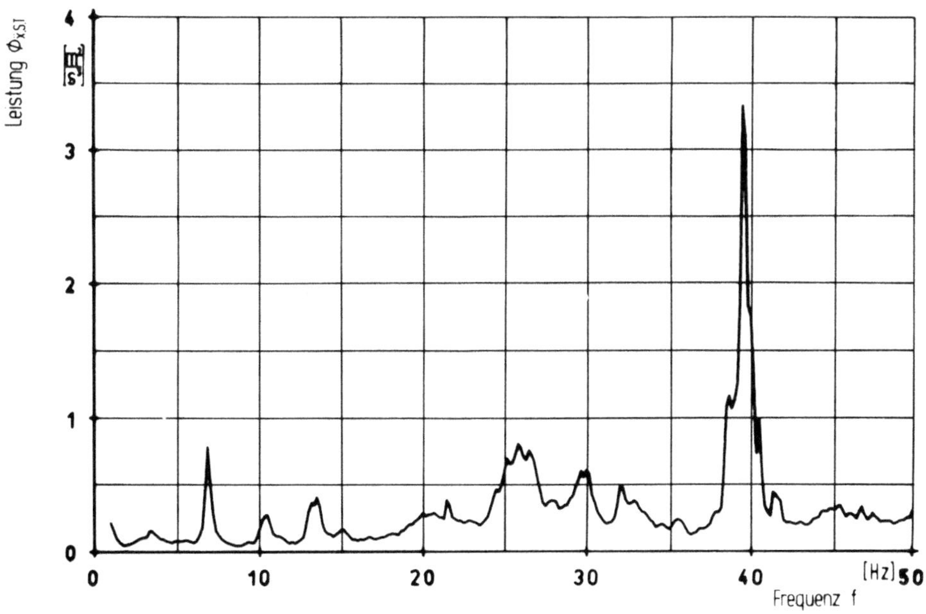

Abb. 37b: Leistungsspektrum der Achsbeschleunigungen
Mittelwert aus Analyse - Abschnitt 1 und 2

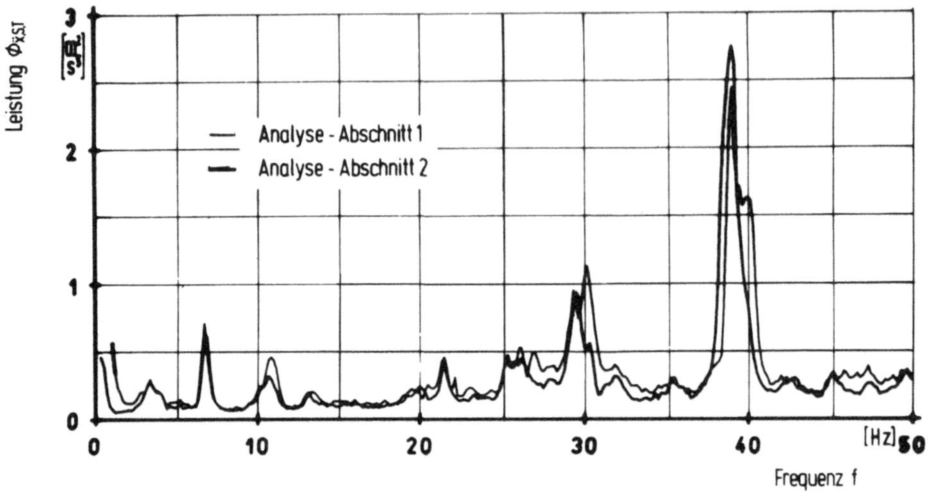

Abb. 38a: Leistungsspektrum der Achsbeschleunigungen
Meßstrecke: Celle - Langenhagen

Streckenabschnitt:	km 16,6 - 13,0
Oberbauart:	K49 1588 Ba
Bandnummer:	9
Geschwindigkeit:	70 km/h
Achslast:	9,3 Mp
Meßstelleß	Wagen links

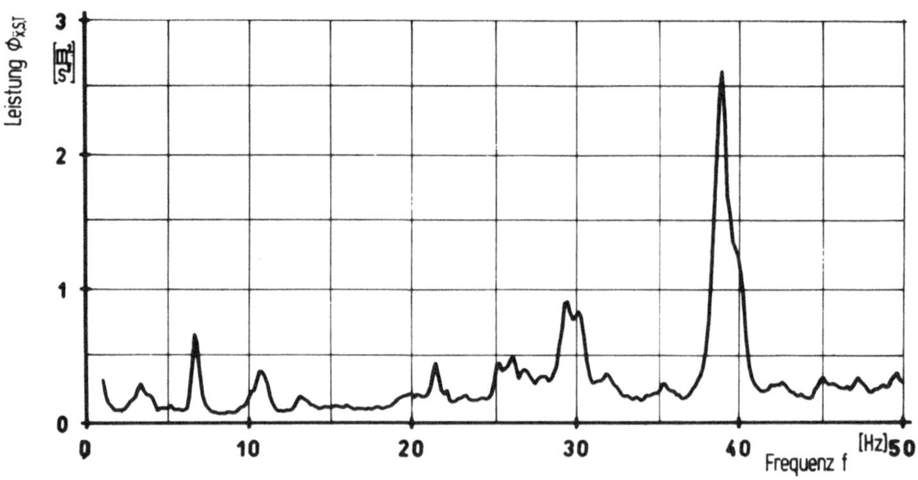

Abb. 38b: Leistungsspektrum der Achsbeschleunigungen
Mittelwert aus Analyse - Abschnitt 1 und 2

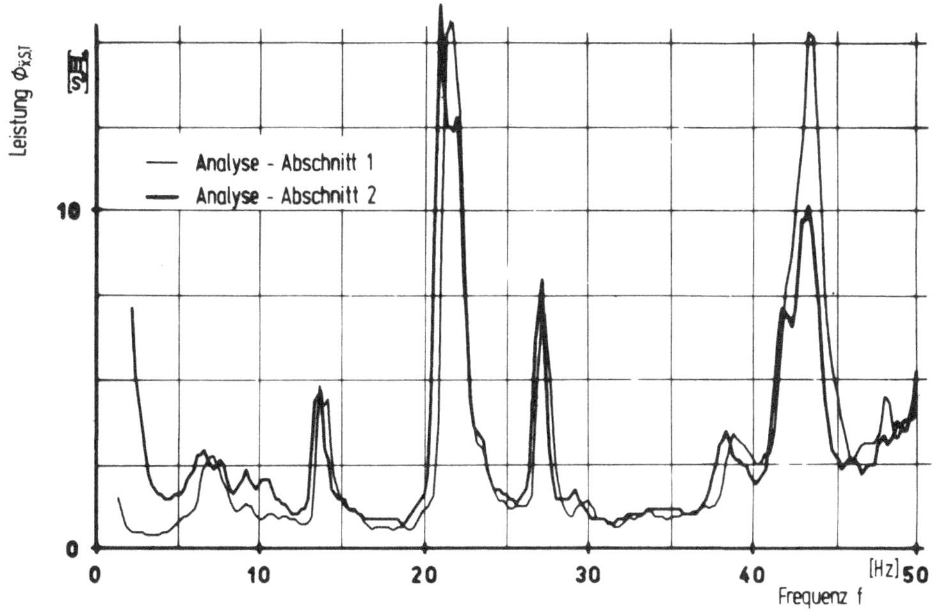

Abb. 39: Leistungsspektrum der Achsbeschleunigungen
Meßstrecke: Celle - Langenhagen

Streckenabschnitt:	km 30,0 - km 23,1
Oberbauart:	K49 1588 H
Bandnummer:	15
Geschwindigkeit:	140 km/h
Achslast:	9,3 Mp
Meßstelle:	Wagen links

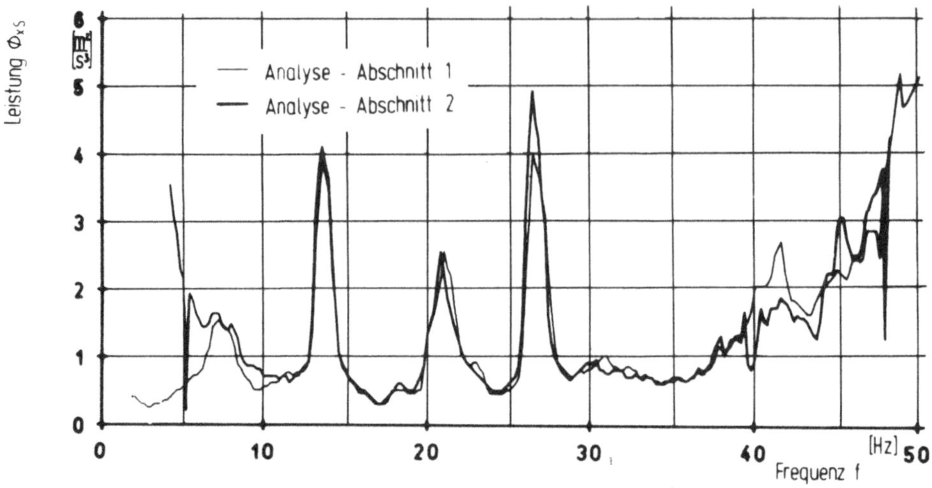

Abb. 40a: Leistungsspektrum der Achsbeschleunigungen
Meßstrecke: Celle - Langenhagen

Streckenabschnitt:	km 20,6 - km 18,6
Oberbauart:	K49 1588 H
Bandnummer:	16
Geschwindigkeit:	140 km/h
Achslast:	9,3 Mp
Meßstelle:	Wagen links

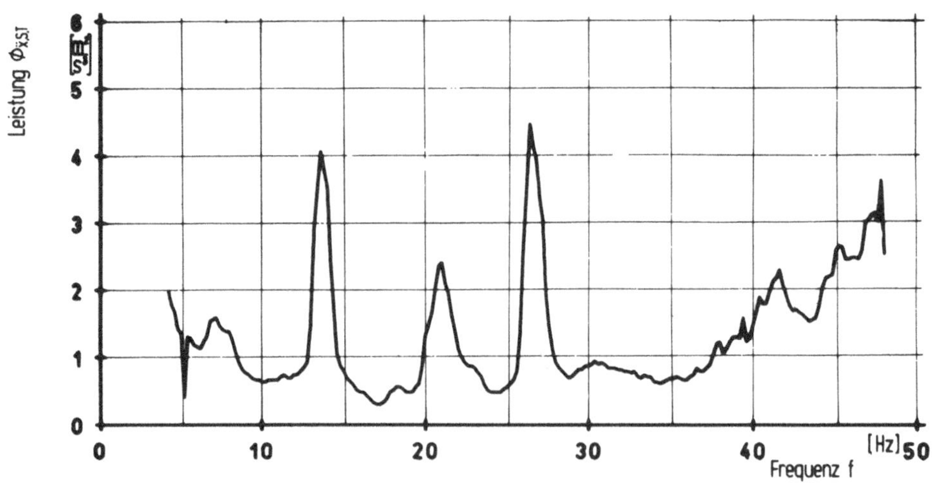

Abb. 40b: Leistungsspektrum der Achsbeschleunigungen
Mittelwert aus Analyse - Abschnitt 1 und 2

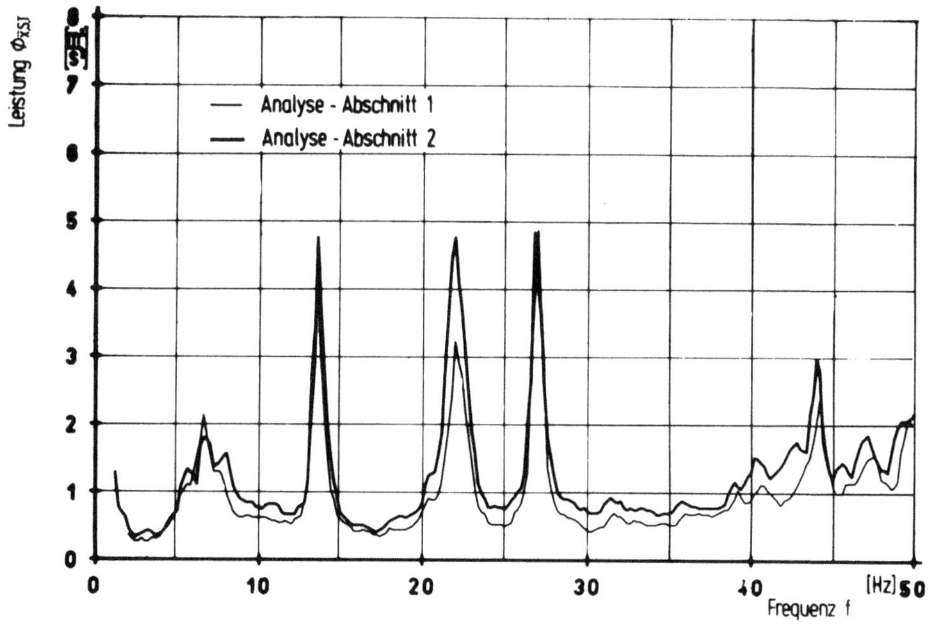

Abb. 41a: Leistungsspektrum der Achsbeschleunigungen
Meßstrecke: Celle - Langenhagen

Streckenabschnitt:	km 16,6 - km 13,0
Oberbauart:	K49 1588 Ba
Bandnummer:	17
Geschwindigkeit:	140 km/h
Achslast:	9,3 Mp
Meßstelle:	Wagen links

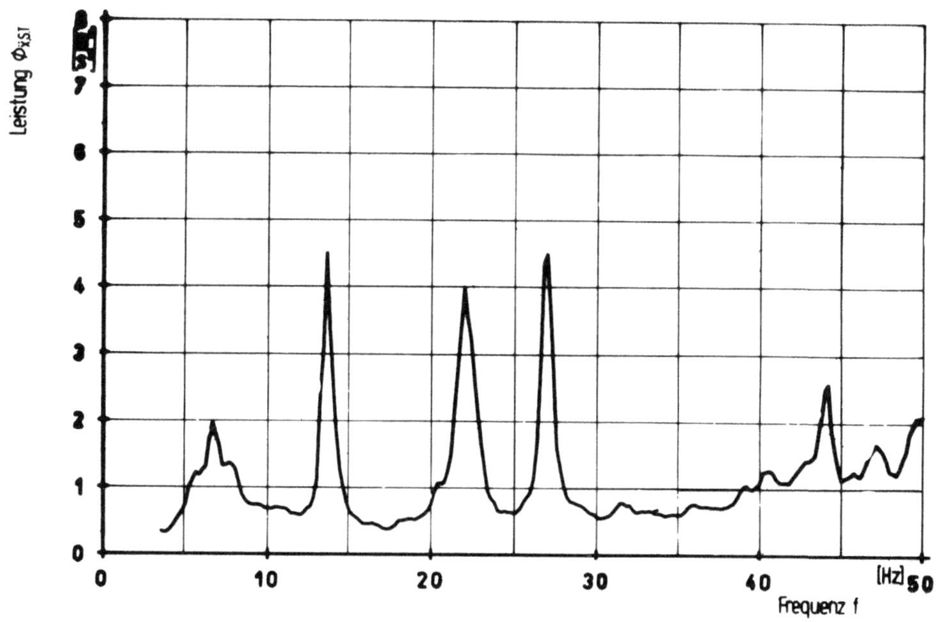

Abb. 41b: Leistungsspektrum der Achsbeschleunigungen
Mittelwert aus Analyse - Abschnitt 1 und 2

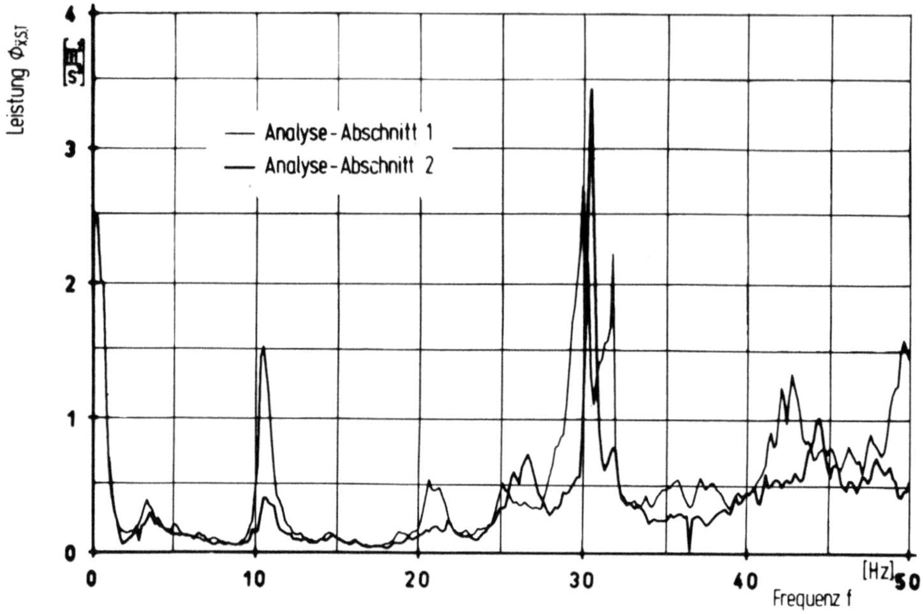

Abb. 42a: Leistungsspektrum der Achsbeschleunigungen
Meßstrecke: Celle - Langenhagen

Streckenabschnitt:	km 30,0 - km 23,1
Oberbauart:	K49 1588 Hh
Bandnummer:	7
Geschwindigkeit:	70 km/h
Achslast:	21,2 Mp
Meßstelle:	Lok links

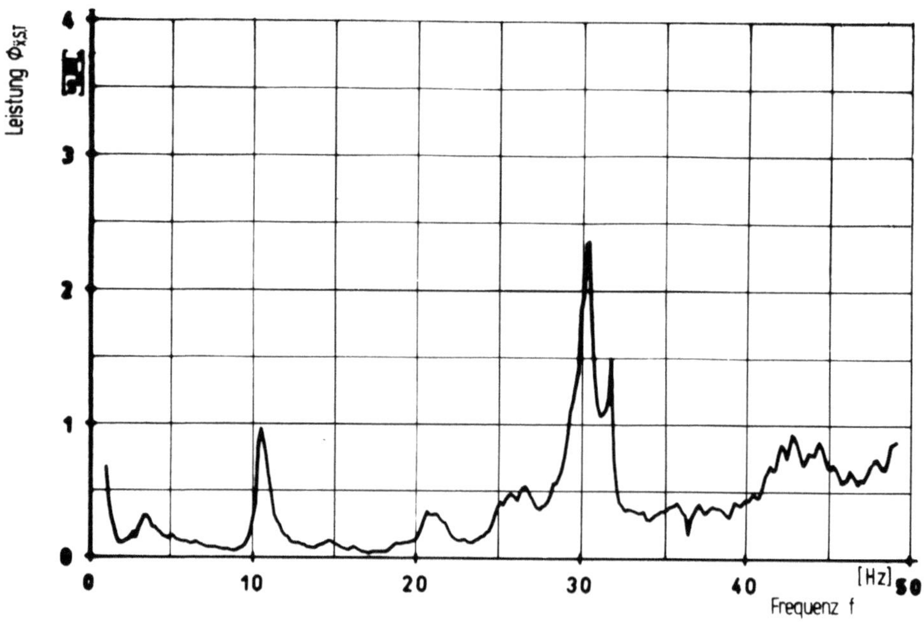

Abb. 42b: Leistungsspektrum der Achsbeschleunigungen
Mittelwert aus Analyse - Abschnitt 1 und 2

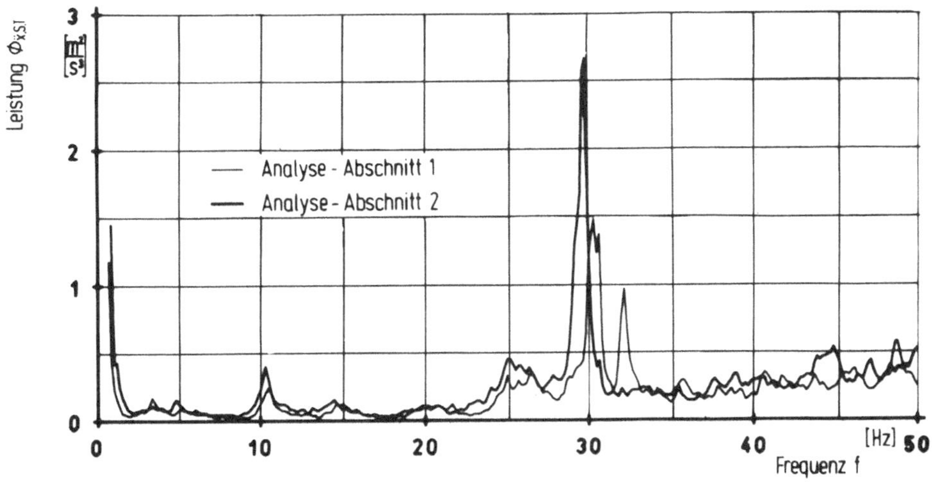

Abb. 43a: Leistungsspektrum der Achsbeschleunigungen
Meßstrecke: Celle - Langenhagen

Streckenabschnitt:	km 20,6 - km 18,6
Oberbauart:	K49 1588 H
Bandnummer:	8
Geschwindigkeit:	70 km/h
Achslast:	21,2 Mp
Meßstelle:	Lok links

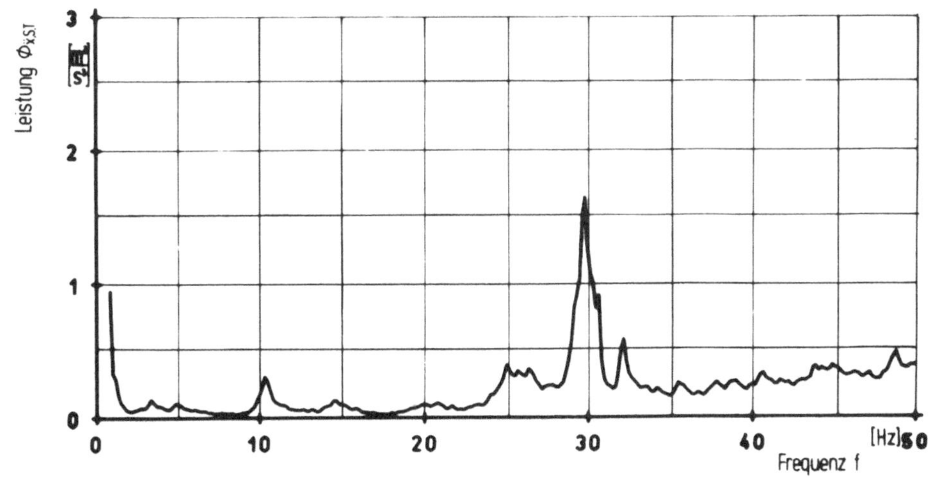

Abb. 43b: Leistungsspektrum der Achsbeschleunigungen
Mittelwert aus Analyse - Abschnitt 1 und 2

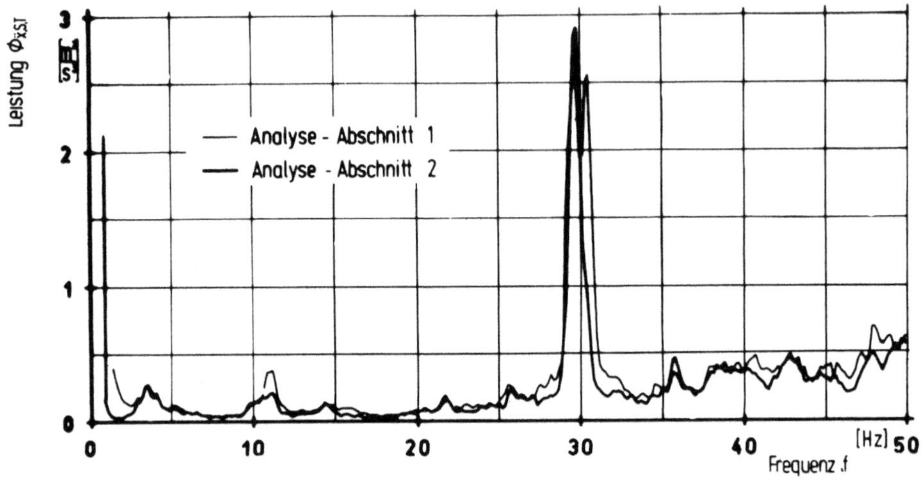

Abb. 44a: Leistungsspektrum der Achsbeschleunigungen
Meßstrecke: Celle - Langenhagen

Streckenabschnitt:	km 16,6 - km 13,0
Oberbauart:	K49 1588 Ba
Bandnummer:	9
Geschwindigkeit:	70 km/h
Achslast:	21,2 Mp
Meßstelle:	Lok links

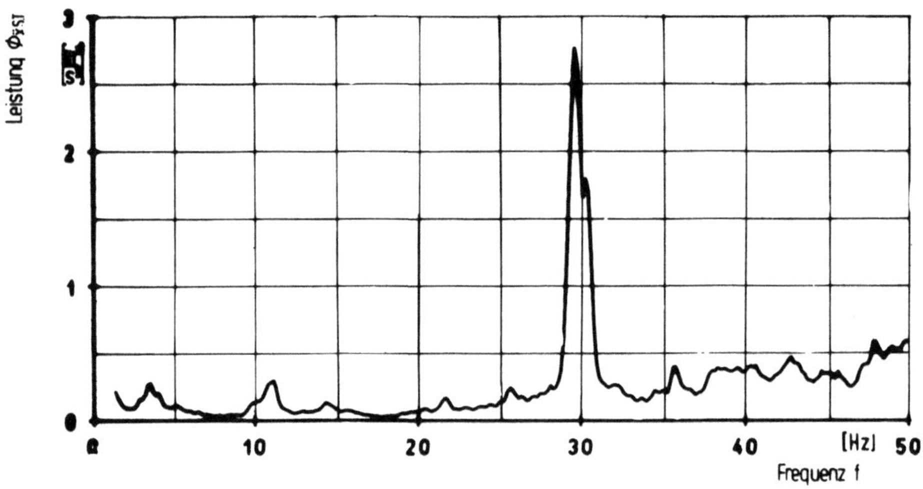

Abb. 44b: Leistungsspektrum der Achsbeschleunigungen
Mittelwert aus Analyse - Abschnitt 1 und 2

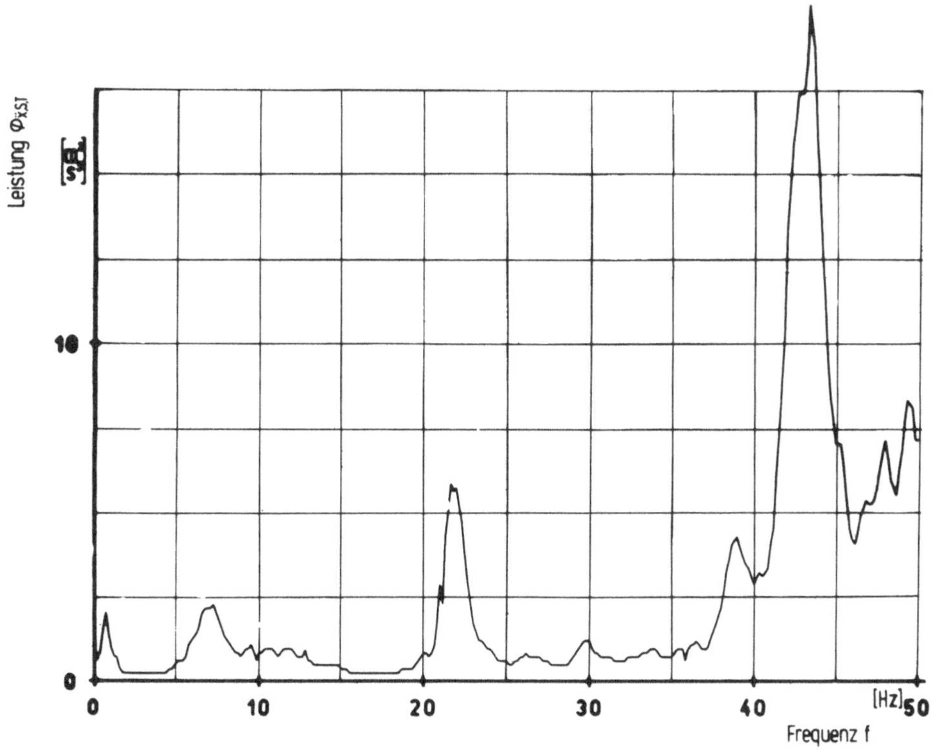

Abb. 45: Leistungsspektrum der Achsbeschleunigungen
Meßstrecke: Celle - Langenhagen

Streckenabschnitt:	km 30,0 - km 23,1
Oberbauart:	K49 1588 Hh
Bandnummer:	15
Geschwindigkeit:	140 km/h
Achslast:	21,2 Mp
Meßstelle:	Lok links

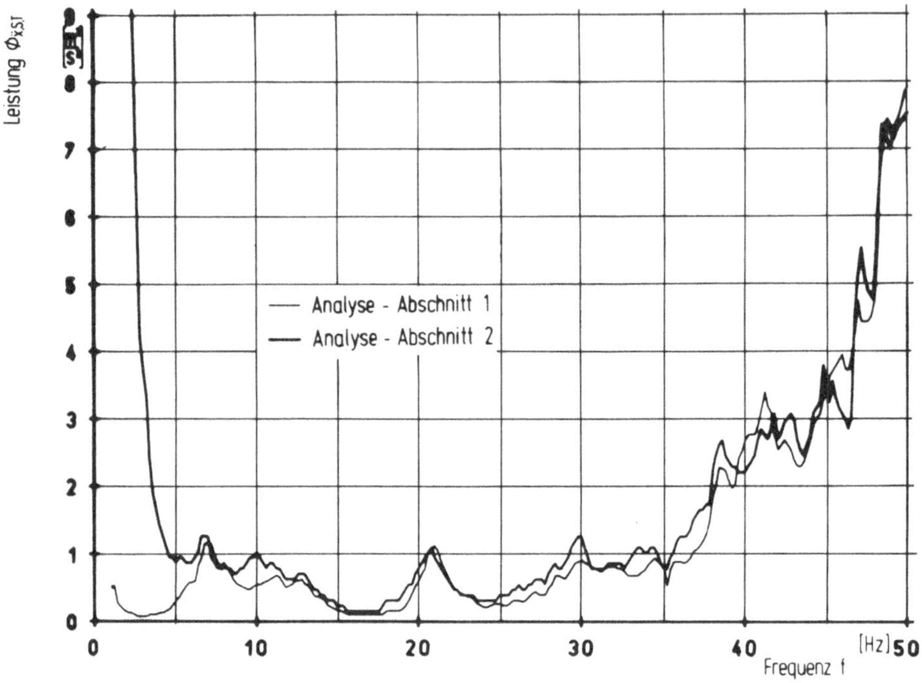

Abb. 46a: Leistungsspektrum der Achsbeschleunigungen
Meßstrecke: Celle - Langenhagen

Streckenabschnitt:	km 20,6 - km 18,6
Oberbauart:	K49 1588 H
Bandnummer:	16
Geschwindigkeit:	140 km/h
Achslast:	21,2 Mp
Meßstelle:	Lok links

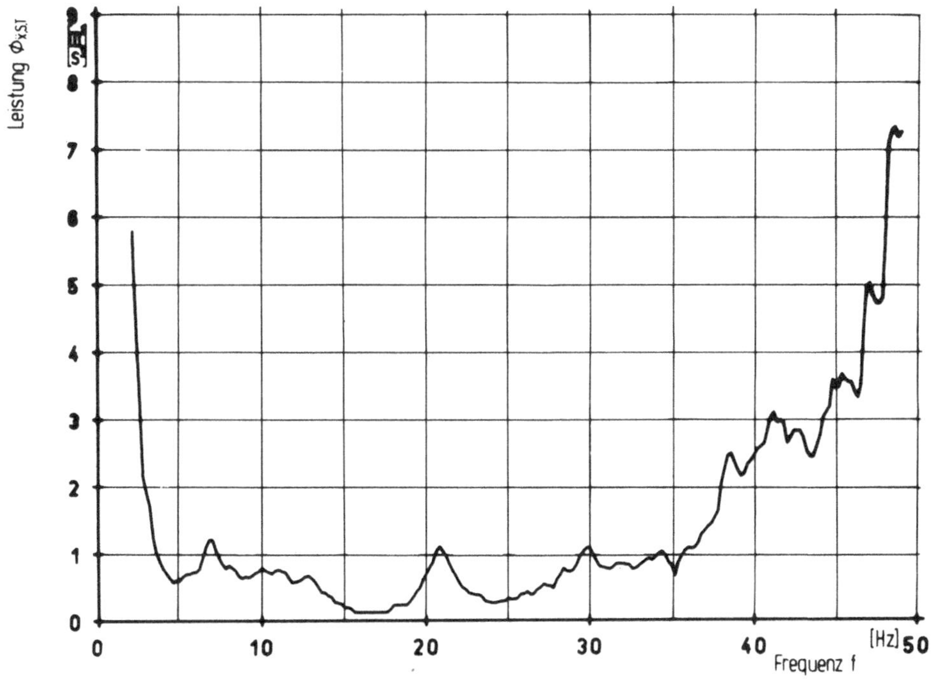

Abb. 46b: Leistungsspektrum der Achsbeschleunigungen
Mittelwert aus Analyse - Abschnitt 1 und 2

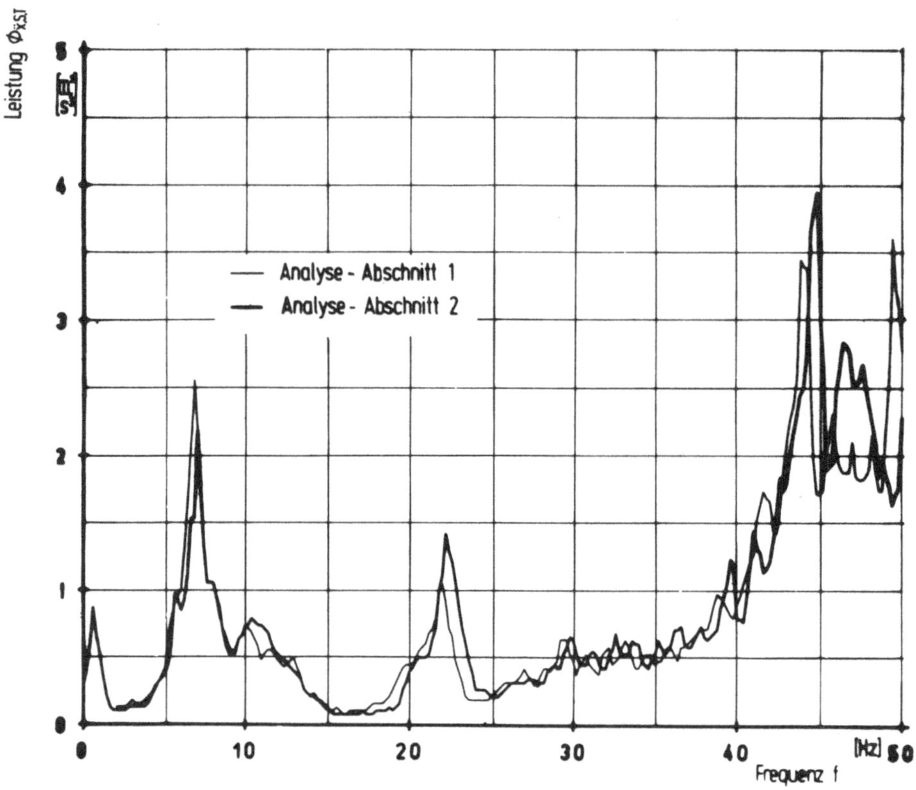

Abb. 47a: Leistungsspektrum der Achsbeschleunigungen
Meßstrecke: Celle - Langenhagen

Streckenabschnitt:	km 16,6 - km 13,0
Oberbauart:	K49 1588 Ba
Bandnummer:	17
Geschwindigkeit:	140 km/h
Achslast:	21,2 Mp
Meßstelle:	Lok links

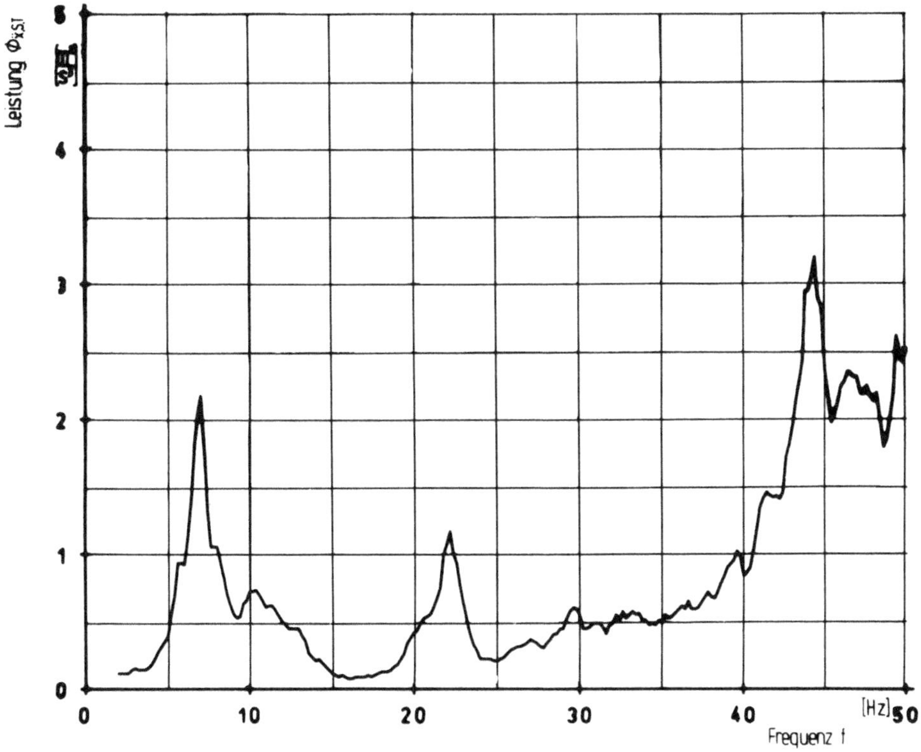

Abb. 47b: Leistungsspektrum der Achsbeschleunigungen
Mittelwert aus Analyse - Abschnitt 1 und 2

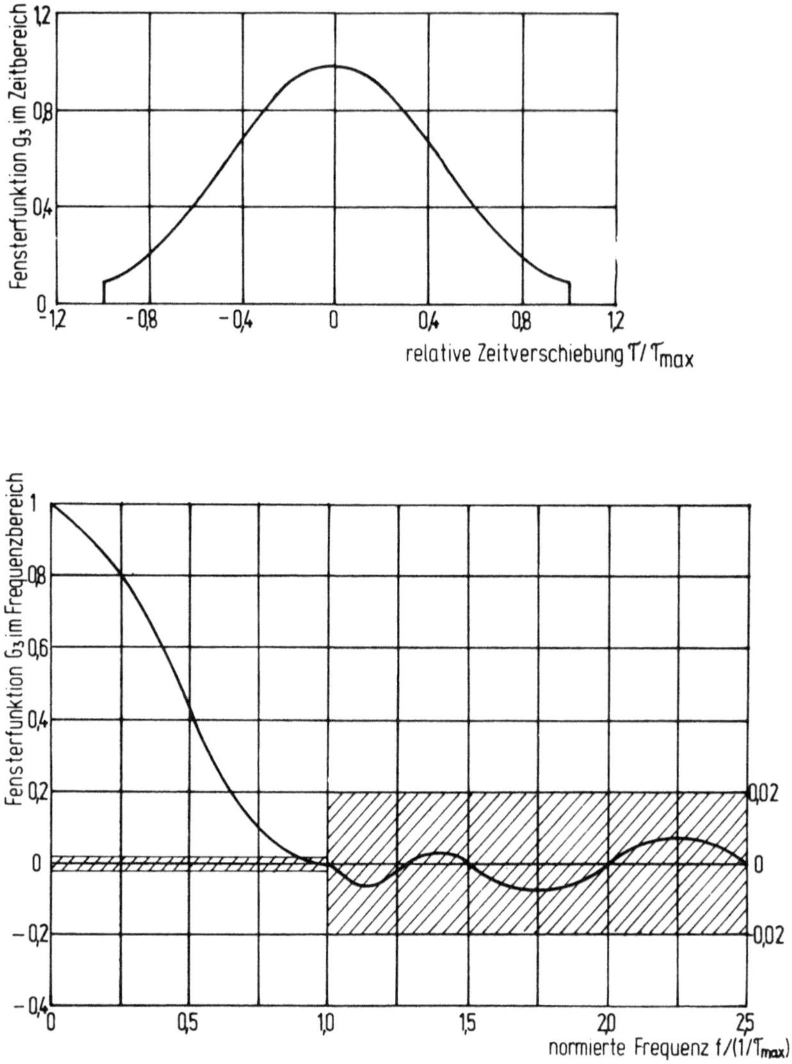

Abb. 48: Zur Ermittlung des Spektrums ausgewählte Fensterfunktion G_3 im Zeit- und Frequenzbereich

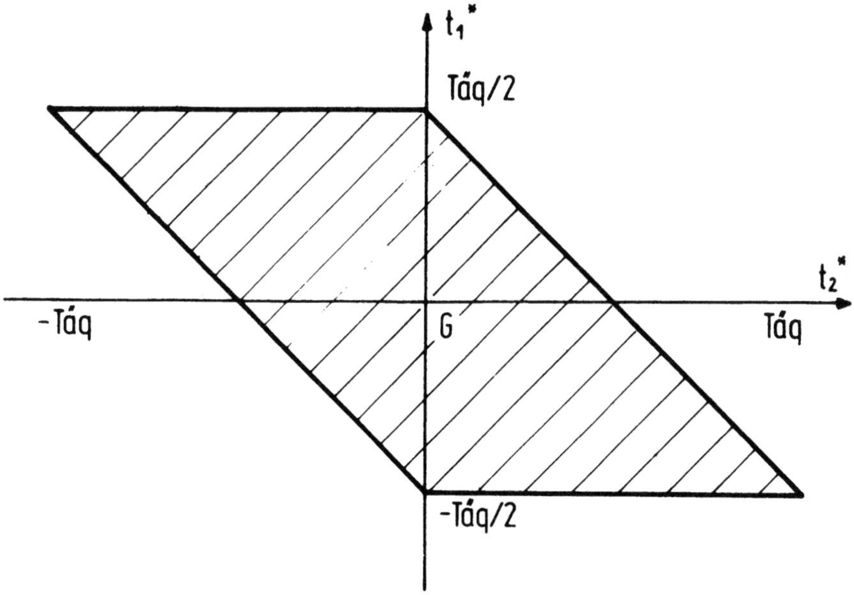

Abb. 49: Integrationsgebiet bei Ermittlung der notwendigen Meßzeit

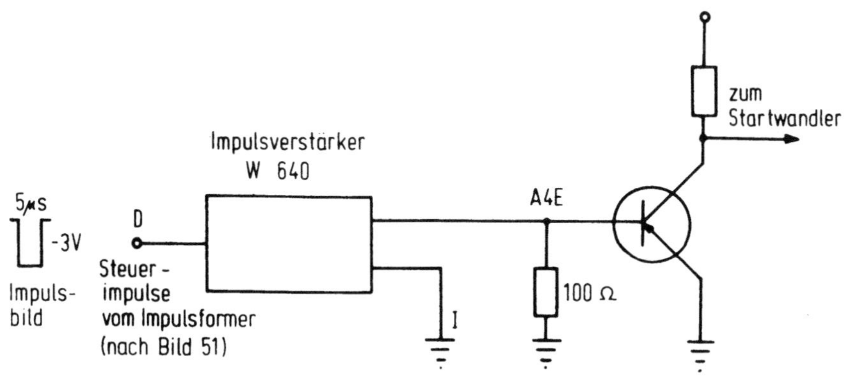

Abb. 50: Schaltungseingriff zur Synchronisierung der Umwandlung mit dem externen Takt der Magnetbandspuren 13 und 14

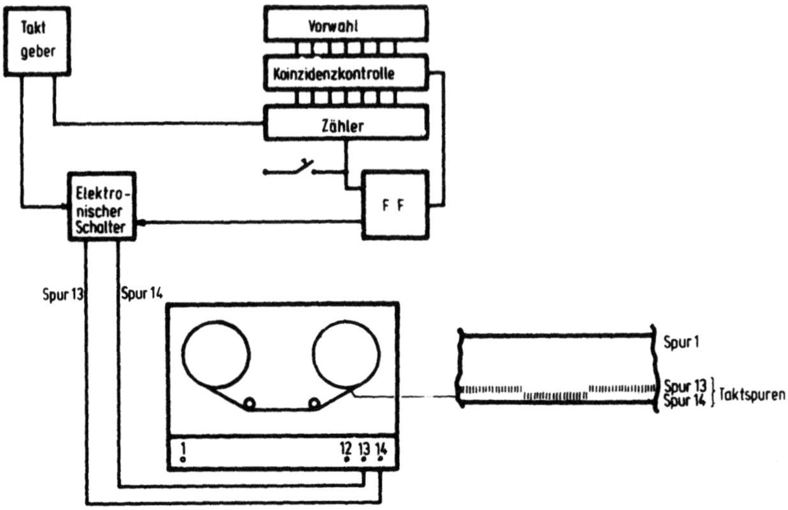

a) Aufbringung der Taktspuren

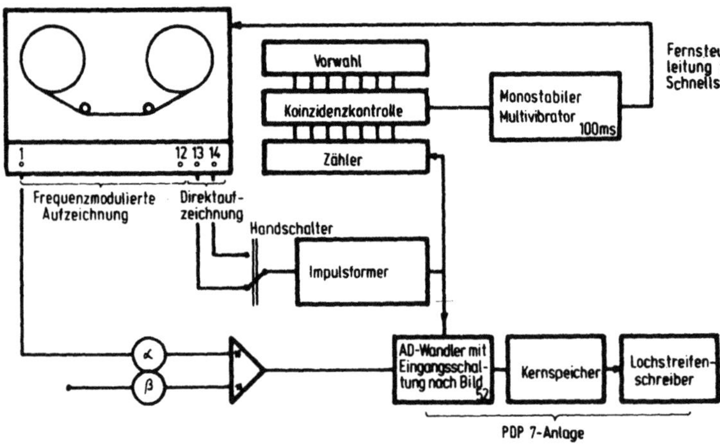

b) Signalumsetzung

Abb. 51: Schaltung zur Aufbringung der Taktspuren auf das Magnetband und zur magnetbandgesteuerten Signalumsetzung

Tab. 1a: Eigenfrequenzen des Oberbaues bei unterschiedlicher Belastung in Abhängigkeit vom Schwellenmaterial

		Schwellenmaterial					
		Stahl		Holz		Beton	
		Streubereich	Mittelwert	Streubereich	Mittelwert	Streubereich	Mittelwert
Grundfrequenz f_0 in Hz	unbelastetes Gleis	53 - 88	71	50 - 76	63	50 - 71	61
	belastetes Gleis	21 - 31	26	19 - 29	25	25 - 34	30

Tab. 1b: Spezifische Daten üblicher Oberbauarten

	Bezeichnung	Dimension	Material			Streubereich
			Holz	Beton	Stahl	
Federziffer	c	$Mp\,mm^{-1}$	5,0 - 15,2	7,4 - 18,5	7,3 - 18,4	5,0 - 18,5
Dämpfungsziffer	D		$1{,}0-2{,}0\cdot10^{-2}$	$0{,}2-0{,}3\cdot10^{-2}$	$0{,}1-1{,}0\ 10^{-4}$	$0{,}1\cdot10^{-4}-2{,}0\cdot10^{-2}$
Schwellenmasse	m_s	kp	90	160	85	85 - 160

Konstante Werte:

Biegesteifigkeit $E\cdot I = 3{,}7\cdot10^{8}$ [kg cm²]

Widerstandsmoment $W = 239$ [cm³]

Tab. 2: Angaben zur Messung

Band	Analyse abschnitt	Spur	Meßstelle (in Fahrtrichtung)	Achslast	Geschwindigkeit	Fahrtrichtung	Meßstreckenabschnitt von	bis	Oberbauart
				[Mp]	[km/h]		[km]	[km]	
7	1 2	2	Wagen links	9,3	70	Celle → Langenhagen	30,0	23,1	K49 1588 Hh
8	1 2						20,6	18,6	K49 1588 H
9	1 2						16,6	13,0	K49 1588 Ba
15	1 2				140		30,0	23,1	K49 1588 Hh
16	1 2						20,6	18,6	K49 1588 H
17	1 2						16,6	13,0	K49 1588 Ba
7	1 2	3	Lok links	21,2	70		30,0	23,1	K49 1588 Hh
8	1 2						20,6	18,6	K49 1588 H
9	1 2						16,6	13,0	K49 1588 Ba
15	1 2				140		30,0	23,1	K49 1588 Hh
16	1 2						20,6	18,6	K49 1588 H
17	1 2						16,6	13,0	K49 1588 Ba

Tab. 4: Zusammenhang zwischen Umsetzgenauigkeit, Bitzahl und Umwandlungszeit bei der Analog-Digital-Wandlung

Bitzahl	Umsetzgenauigkeit in %	Umwandlungszeit in µs
8	0,4	12
12	0,025	35

Forschungsberichte des Landes Nordrhein-Westfalen

Herausgegeben im Auftrage des Ministerpräsidenten Heinz Kühn
vom Minister für Wissenschaft und Forschung Johannes Rau

Sachgruppenverzeichnis

Acetylen · Schweißtechnik
Acetylene · Welding gracitice
Acétylène · Technique du soudage
Acetileno · Técnica de la soldadura
Ацетилен и техника сварки

Arbeitswissenschaft
Labor science
Science du travail
Trabajo científico
Вопросы трудового процесса

Bau · Steine · Erden
Constructure · Construction material · Soilresearch
Construction · Matériaux de construction · Recherche souterraine
La construcción · Materiales de construcción · Reconocimiento del suelo
Строительство и строительные материалы

Bergbau
Mining
Exploitation des mines
Minería
Горное дело

Biologie
Biology
Biologie
Biologia
Биология

Chemie
Chemistry
Chimie
Quimica
Химия

Druck · Farbe · Papier · Photographie
Printing · Color · Paper · Photography
Imprimerie · Couleur · Papier · Photographie
Artes gráficas · Color · Papel · Fotografía
Типография · Краски · Бумага · Фотография

Eisenverarbeitende Industrie
Metal working industry
Industrie du fer
Industria del hierro
Металлообработывающая промышленность

Elektrotechnik · Optik
Electrotechnology · Optics
Electrotechnique · Optique
Electrotécnica · Optica
Электротехника и оптика

Energiewirtschaft
Power economy
Energie
Energía
Энергетическое хозяйство

Fahrzeugbau · Gasmotoren
Vehicle construction · Engines
Construction de véhicules · Moteurs
Construcción de vehículos · Motores
Производство транспортных средств

Fertigung
Fabrication
Fabrication
Fabricación
Производство

Funktechnik · Astronomie
Radio engineering · Astronomy
Radiotechnique · Astronomie
Radiotécnica · Astronomía
Радиотехника и астрономия

GPSR Compliance

The European Union's (EU) General Product Safety Regulation (GPSR) is a set of rules that requires consumer products to be safe and our obligations to ensure this.

If you have any concerns about our products, you can contact us on ProductSafety@springernature.com

In case Publisher is established outside the EU, the EU authorized representative is:

Springer Nature Customer Service Center GmbH
Europaplatz 3
69115 Heidelberg, Germany

Batch number: 10584556

Printed by Printforce, the Netherlands